“本科教学工程”全国纺织服装专业规划教材编审委员会

“本科教学工程”全国服装专业规划教材

高等教育“十二五”部委级规划教材（本科）

服装设计表达

FUZHUANG SHEJI BIAODA

王蕾 杨晓艳 主编

化学工业出版社

·北京·

本书从实践出发，循序渐进地向读者介绍了如何从服装设计表达的技巧开始，到款式的确定，直至样衣的完成，强调从“设计”到“成衣实现”这样的系列表达过程。该书通过大量教学实践的典型范例阐释了服装设计表达的各个方面。全书共分九个单元，具体内容包括服装设计表现技法概述、工具与材料及常用表现技法、服装设计中的款式与思维表达的过程、服装款式设计流行分析、服装材料的质感表现、实物制作效果等。通过对本书的学习，不仅可以使读者掌握服装效果图和款式图的表现技法，而且为展现设计方案到成衣的各个环节提供直观、互动、体验式的更有效率的设计形式，使设计师从一开始就形成良好的设计程序与思维习惯，为充分表达设计师的设计思想提供一种更有效率的方法。本书适用于高等学校服装专业师生和从事服装设计工作的人员学习和参考。

图书在版编目（CIP）数据

服装设计表达／王蕾，杨晓艳主编．—北京：化学工业出版社，2012.11

（“本科教学工程”全国服装专业规划教材）

高等教育“十二五”部委级规划教材（本科）

ISBN 978-7-122-15382-1

Ⅰ.①服… Ⅱ.①王…②杨… Ⅲ.①服装设计－高等学校－教材 Ⅳ.①TS941.2

中国版本图书馆CIP数据核字（2012）第223968号

责任编辑：李彦芳　　装帧设计：史利平

责任校对：吴　静

出版发行：化学工业出版社（北京市东城区青年湖南街13号　邮政编码100011）

印　　装：北京画中画印刷有限公司

787mm×1092mm　1/16　印张13　字数322千字　　2013年8月北京第1版第1次印刷

购书咨询：010-64518888（传真：010-64519686）　售后服务：010-64518899

网　　址：http://www.cip.com.cn

凡购买本书，如有缺损质量问题，本社销售中心负责调换。

定　　价：49.90元

序

教育是推动经济发展和社会进步的重要力量，高等教育更是提高国民素质和国家综合竞争力的重要支撑。近年来，我国高等教育在数量和规模方面迅速扩张，实现了高等教育由“精英化”向“大众化”的转变，满足了人民群众接受高等教育的愿望。我国是纺织服装教育大国，纺织本科院校 47 所，服装本科院校 126 所，每年 2 万余人通过纺织服装高等教育。现在是纺织服装产业转型升级的关键期，纺织服装高等教育更是承担了培养专业人才、提升专业素质的重任。

化学工业出版社作为国家一级综合出版社，是国家规划教材的重要出版基地，为我国高等教育的发展做出了积极贡献，被原新闻出版总署评价为“导向正确、管理规范、特色鲜明、效益良好的模范出版社”。依照《教育部关于实施卓越工程师教育培养计划的若干意见》（教高 [2011]1 号文件）和《财政部 教育部关于“十二五”期间实施“高等学校本科教学质量与教学改革工程”的意见》（教高 [2011]6 号文件）两个文件精神，2012 年 10 月，化学工业出版社邀请开设纺织服装类专业的 26 所骨干院校和纺织服装相关行业企业作为教材建设单位，共同研讨开发纺织服装“本科教学工程”规划教材，成立了“纺织服装‘本科教学工程’规划教材编审委员会”，拟在“十二五”期间组织相关院校一线教师和相关企业技术人员，在深入调研、整体规划的基础上，编写出版一套纺织服装类相关专业基础课、专业课教材，该批教材将涵盖本科院校的纺织工程、服装设计与工程、非织造材料与工程、轻化工程（染整方向）

等专业开设的课程。该套教材的首批编写计划已顺利实施，首批60余本教材将于2013–2014年陆续出版。

该套教材的建设贯彻了卓越工程师的培养要求，以工程教育改革和创新为目标，以素质教育、创新教育为基础，以行业指导、校企合作为方法，以学生能力培养为本位的教育理念；教材编写中突出了理论知识精简、适用，加强实践内容的原则；强调增加一定比例的高新奇特内容；推进多媒体和数字化教材；兼顾相关交叉学科的融合和基础科学在专业中的应用。整套教材具有较好的系统性和规划性。此套教材汇集众多纺织服装本科院校教师的教学经验和教改成果，又得到了相关行业企业专家的指导和积极参与，相信它的出版不仅能较好地满足本科院校纺织服装类专业的教学需求，而且对促进本科教学建设与改革、提高教学质量也将起到积极的推动作用。希望每一位与纺织服装本科教育相关的的教师和行业技术人员，都能关注、参与此套教材的建设，并提出宝贵的意见和建议。

姚穆

2013.3

前言

从事服装设计教学至今，一晃已经十余年。回首走过的教学历程，最大的感受是时代的发展与需求在促使着我们不断地进行教学上的研究，深深地体会到作为一名教育工作者，一定要有勇于改革、不懈探索的精神。只有这样，课程才不会停滞在一个不变的静态之中，才有可能不断地发掘、获得新的感受，建立新的理念，从而使高校培养的服装设计人员真正成为服装产业需求的人才。

本教材属于“‘本科教学工程’全国服装专业规划教材”丛书，本书内容在整合相关的优质教学资源的同时，在编写设计思路上，侧重培养学生设计的创新能力与表达；在服装设计制作的实践环节中，注重理论与实践的结合及操作流程的阐述，能够完善实践实验教学体系。为什么本书叫《服装设计表达》？我认为本书采取理论教材与实践教材紧密结合的方式，运用丰富的案例研究、设计范例、大量的实践练习与提示探究了服装设计师是如何从灵感获取到构思表现及成衣表现等问题，这更加符合教学目标和社会实际需求，让设计师从一开始能体会和明白学习这些知识和技巧的目的是为了更好地表达自己的设计理念，而不是一味地表达绘画技巧，从而养成良好的设计程序和思维习惯，为展现其设计方案提供一种更加直观、互动、体验性的形式，为充分表达设计思想提供一种更有利的工具。由此，我相信《服装设计表达》的出版能够为服装设计从业者在探索服装设计表达的道路上助一臂之力。

本书循序渐进地向读者介绍了服装设计表现技法和技巧、服装设计思维表达的过程、服装款式设计的流行分析、服装材料的质感表现和成衣的对照等。书中大量的图片以及针对性较强的思考练习题详细阐明了如何搭配色彩，如何运用艺术材料与工具，如何为具体客户选择艺术风格、品牌定位与媒介，并将如何制作出有效作品集的各项技巧做出了充分的阐述，其中包括假设的调研方向、如何将设计想法勾勒出来、如何用技巧来表现服装以及如何表达适当的设计情绪与氛围。由点及面，不仅让读者具有一定的专业表达技巧，还能培养敏锐的设计创新思维。

本教材由王蕾、杨晓艳主编。参编人员有中原工学院的吴聪和李彦、郑州轻工业学院的张蕾、上海工程技术大学的王晓娟。

随着时间的推移，服装设计表达的内涵还会不断地变化和发展，编者才疏学浅，其中的内容难免会有一定的片面性和局限性，还请各位同仁不吝教正，以求完善和丰富服装设计表达的内容，不断为服装设计教育的更加完善做出自己应有的努力。

编者

2013 年 5 月

教学内容及课时安排

章 / 总课时	课程性质 / 课时	节	课程内容
第一章 （2 课时）	基础知识 （4 课时）		·概论
		一	服装设计表达的概念、特点及用途
		二	服装设计表达的基础表现
第二章 （2 课时）			·服装设计色彩表达及常用工具
		一	服装设计的色彩表达
		二	服装设计常用表达工具
第三章 （4 课时）	专业知识 （4 课时）		·服装设计表达的流程
		一	主题提案的确定
		二	设计初稿与系列设计方案
		三	平面款式图的绘制与制作指示
		四	服装设计展示
第四章 （2 课时）	专业技能 (18 课时）		·服装设计表达的风格和手法
		一	服装设计表达的风格
		二	服装设计表达手法
第五章 （8 课时）			·平面款式图的绘制及细节表现
		一	女装平面款式图及细节表现
		二	男装平面款式图及细节表现
		三	服装局部平面款式图及细节表现
第六章 （8 课时）			·服装面料及装饰的表达
		一	面料的艺术表现与纹样的再现
		二	特殊工艺结构和面料肌理的表达方法
		三	服装配饰的表达方法
第七章 （12 课时）	专业技巧与应用原理 （16 课时）		·服装设计表达的综合表现技法
		一	休闲装的表现技法
		二	针织服装的表现技法
		三	女士礼服的表现技法
		四	个性风格服饰的表现技法
第八章 （4 课时）			·服装设计表达综合实例
		一	成衣设计的表达与实践
		二	礼服设计的表达与实践
		三	内衣设计的表达与实践
		四	创意设计的表达与实践
第九章 （2 课时）	赏析 （2 课时）		·优秀作品赏析
		一	优秀作业赏析
		二	优秀时装画赏析

注：各院校可根据自身的教学计划对课程时数进行调整。

目录
Contents

第一章 概论

课题名称：服装设计表达概论

课题内容：服装设计表达的概念、特点及用途
服装设计表达的基础表现

课题时间：2课时

教学方式：图片、多媒体讲授

教学目的：1. 使学生了解时装画的专业特征；
2. 使学生掌握时装效果图及时装画的形式构成和适用范围；
3. 使学生能借鉴学习优秀的时装画及大师的作品，能根据用途选择不同的服装设计表达类型。

课前准备：梳理出一条清晰的现代时装画发展脉络，查找自己感兴趣的时装画作品及大师的作品。

服装设计从收集资料、设计构思、指导生产到产品的宣传推广都离不开形式的表达，这是一名合格的服装设计师应具备的素质之一。设计表达侧重通过人物造型、色彩搭配、材质描绘，准确再现设计师设计意图，起到有效表达设计师设计理念的作用。

第一节　服装设计表达的概念、特点及用途

一、服装设计表达的概念、特点及用途

服装设计表达是服装设计知识构成的一部分，是时装画课程的一种延伸，是整个设计过程中的一个重要环节。传统服装画更侧重艺术的表现形式。由于它是一种主观的艺术情感的再现，同时又受到很多客观因素的影响，因此，服装画的种类比较多，如用于生产的服装画、广告宣传的服装画、艺术欣赏的服装画等。相对于传统时装画而言，设计表达既包含传统服装绘画的基本造型技能和艺术性，又具有表达设计构思，体现设计效果和有效沟通、展示的功能。

（一）服装设计表达的基本特征

1. 服装设计表达的功能性

服装设计表达作为服装设计的第一个环节，作为一种探讨“服装造型和功能之间关系”

以及“服装与其穿着者之间关系”的绘画，主要是体现服装设计师的设计构想和设计立意。设计师在设计之前首先要形成相对完整的构思，之后才可以通过纸和笔绘制出设计效果图，对着装者的体形特征，服装的结构、色彩，面料及配件等逐一进行表达。很多服装公司一般采取提前提供成衣所采用面、铺料的办法，让设计师根据材料有针对性地进行设计，避免其天马行空的想象所带来的不必要的浪费，如图 1-1 所示。

现在服装设计表达已由最初的单一记录服装款式功能，逐渐发展成具有表达设计意图、预测流行趋势等多种功能，在服装设计流程中的作用日益重要。

2. 服装设计表达的审美性

任何门类的艺术都有其独立的特征。服装设计表达作为绘画的一种形式，它不同于一般的人物绘画，但它具有造型艺术的共同特征，可以说它是介于美术创作与设计之间的一种艺术。它是从审美的角度把人及其服饰作为一个综合的整体形象来反映的，是用一定的物质材料通过视觉形象的构成因素——形、色、线，作为自己的艺术表现手段，在实在的空间中描绘可以为视觉感官直接感受到的艺术形象，来反映时装的美，来表达画家或设计师对社会生活的认识、理解、评价及思想，将艺术的表现力、感染力注入服装之中，在有意味的形式中透出特别的魅力（图 1-2　作者：葛配仙）。

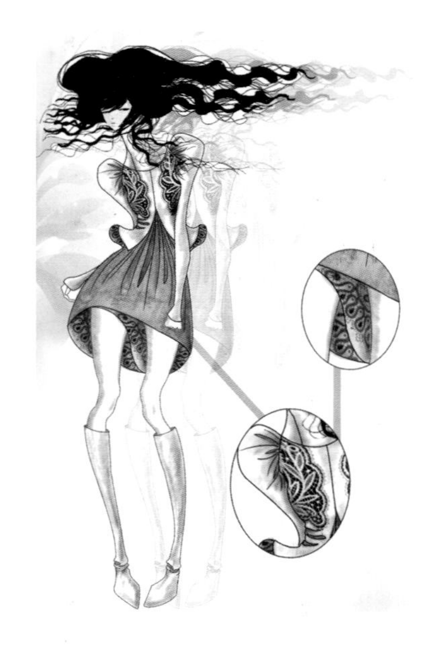

图 1-1　设计师运用现有的服装面料直接扫描绘制在效果图当中，较详细地表现出服装的细部结构和穿着者的一种状态（作者：黄鑫贝）

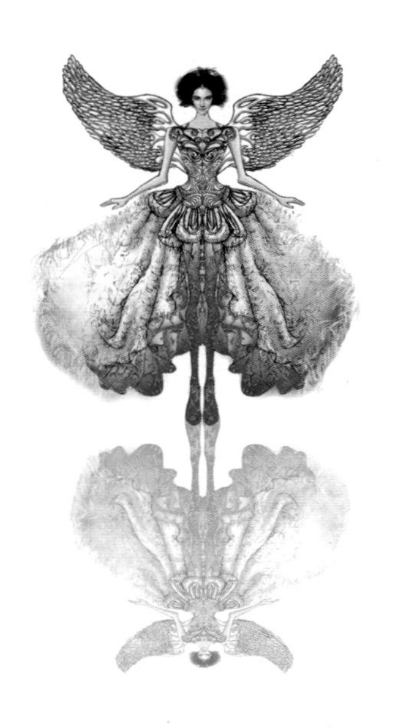

图 1-2　服装设计表达的审美性（作者：葛配仙）

3. 服装设计表达的时代性

服装设计表达善于表达时尚信息，具有时代性。即使最普通、最平淡的服装也会被描绘得生动起来，这是时装摄影难以比拟的。服装设计表达的时代性通常在三个方面反映。第一，社会性，服装是反映社会发展的一面镜子，而服装设计表达在某些方面则体现了一种记载时代变迁的功能。第二，时尚性，表现最新流行的款式设计，甚至其表达的手法，随着时代的变迁和审美的多元化而变化。第三，科技性，不同绘图材料的研发，科技手段的介入，使服装设计表达的时代性更具特色，如图 1-3 所示，该图的设计师采用了机绘手法，从上色到背景渲染，使整张服装效果图色彩和谐，晕染自然，完成度很高。

当今传播媒介发生了很大变化，对时尚的信息传播不像从前那样单一。但服装设计表达特有的功能是任何方式不能取代的，当人们在经历高科技所带来的惊喜后，仍然对服装设计表达情有独钟。

图 1-3 服装设计表达的科技性（作者：葛配仙）

（二）服装设计表达的分类

关于服装设计表达的类型，国内大部分论著中都分为实用型和艺术型两大类，分别称时装设计效果图与时装插画两个类型，这实际上是不够确切的。服装设计表达的类型与风格是纵横交错的概念，一种类型会出现多种风格，并且因其用途和主观意图的不同而有特别的要求。

1. 时装速写

如图 1-4 所示，这是一种表现设计意识、构思的草图，是设计师以最快捷方便的形式对思维成果的一种记录。时装速写具有快速、简洁、随意的特征，是记录、捕捉设计灵感、设计构思的最佳方法。

2. 服装效果图

如图 1-5 所示，是以阐释设计意图，对流行趋势进行预测与播报为主要目的，要求准确、清晰地体现其设计意识和穿着效果。

图 1-4 时装速写

图 1-5 服装效果图（作者：张露）

3. 款式设计图

如图 1-6 所示，是将服装款式结构、工艺特点、装饰配件及制作流程进一步细化而形成的具有切实科学依据的示意图，必要时可以以简练的文字辅助说明以及附上料样。款式设计图主要是为了向打版师传达设计意图，让其根据设计图来打版和制作样衣，所以要画得准确、详细。

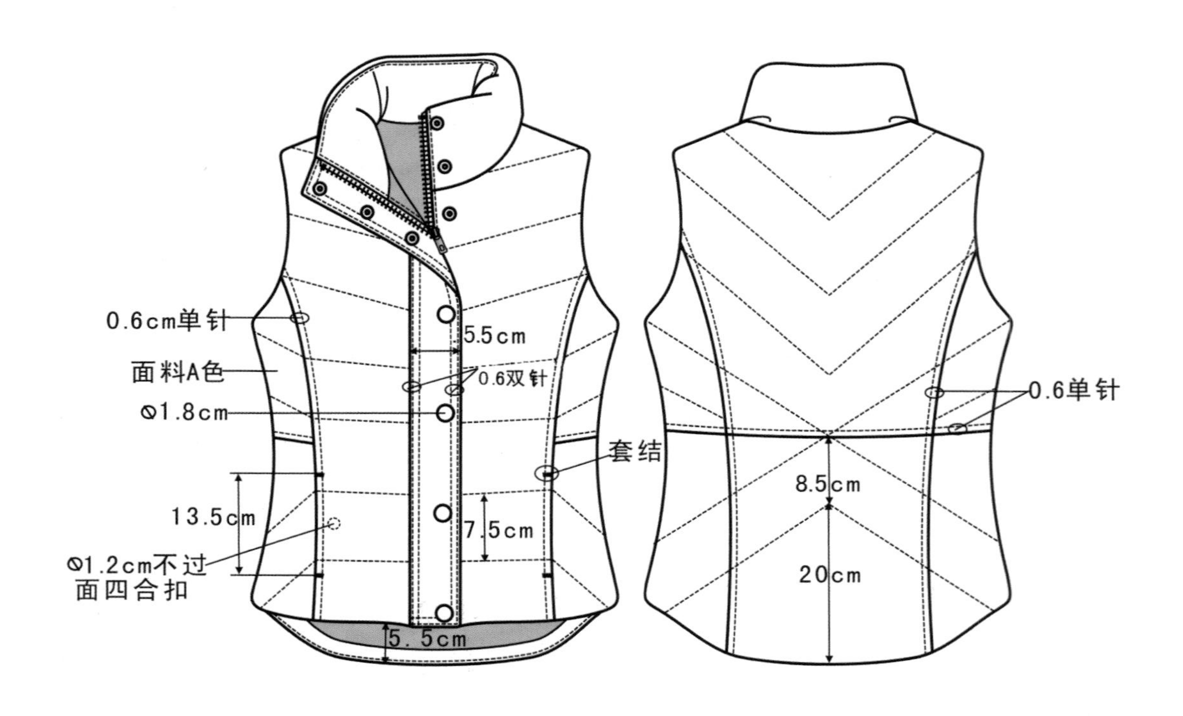

图 1-6 款式设计图

4. 时装插画

以欣赏及宣传为主要目的，以相对抽象与概括的绘画方式表现，注重绘画技巧和视觉冲击力，画面效果更接近于绘画艺术，具有很强的艺术性和鲜明的个性特征。常常用作广告海报、样品宣传册等，用来指导消费、预告流行（图 1-7）。

作为书刊、杂志中的时装插画，不仅可以为文章配图或做广告宣传，还有其独立的鉴赏性、趣味性。它是一些与服装文化有关的读物中不可缺少的风格特征，是形成一种版式形象的重要因素。可以不必具体表现时装的款式、色彩、面料等细节，只表达某种印象，进而强调艺术性、观赏性。因此它的表现方式比较自由灵活，倾向于感性的表达，画面有美感，有吸引力，容易引起读者的共鸣。除此之外，有些配合文章内容的说明图必须严格按文中的内容描绘。

图 1-7 时装插画（作者：Janomica）

二、服装设计表达与时装画的区别

服装设计表达与时装画虽然都具有实用性和审美性的共同特点，但二者又有着各自的功能特点。服装设计表达的实用性体现在它强大的“阐释”功能上，要求设计师在落笔前就考虑服装结构的可行性、色彩面料搭配的合理程度等具体问题。而时装画则通常是对作品进行理想美化的结果。

当然，服装设计表达和时装画之间也并非不能相互转化。许多设计师用寥寥数笔就能勾勒出服装轮廓、织物质感和模特情绪，因此他们的时装设计表达通常也是极具个人风格的时装画精品。另一方面，很多时装画作者也会影响当时的时尚潮流，其作品中所表现的服装款式和人物造型往往会被人们在现实生活中效仿和复制，这充分说明时装画在传递流行资讯和指导工艺流程方面也能像服装设计表达一样起到十分具体且有效的推动作用。

第二节　服装设计表达的基础表现

一、了解人体结构和形态

（一）理想人体比例

时装画的美建立在我们熟悉的人体之美的基础上，时装画中的人体始终是各时代中理想人体的代表。人们为了得到具有普遍意义的理想人体比例，对不同人种的体形、肤色等因素进行了大量的对比、测定和选择之后得出结论：女性最完美的人体比例为八头半身长。即以头长为基准，从头顶到脚底总长为八头半长 (图 1-8)。这一理想比例为服装设计师提供了良好的创作空间。

第一头高：自头顶到下颌底；

第二头高：自下颌底到乳点；

第三头高：自乳点到腰部最细处；

第四头高：自腰部最细处到耻骨点；

第五头高：自耻骨点到大腿中部；

第六头高：自大腿中部到膝盖；

第七头高：自膝盖到小腿中上部；

第八头高：自小腿中上部到脚踝部；

第八头半高：自脚踝部至地面。

女性肩峰点在第二头高的 1/2 处，肩峰到肘部为一个半头长，肘部到腕骨点为一个头长多些。手为 3/4 头长，脚为一个头长。八头半身人体横向也有一定的参考比例，横向比例通常指肩宽、腰宽和臀宽。女性肩宽约一个半头长，臀宽约等于肩宽或略大于肩宽。男性肩宽约两个头长，腰约 1.25 头长，臀宽窄于肩宽，也可与腰围同宽。这些基本比例可根据服装设计的意图进行调整。

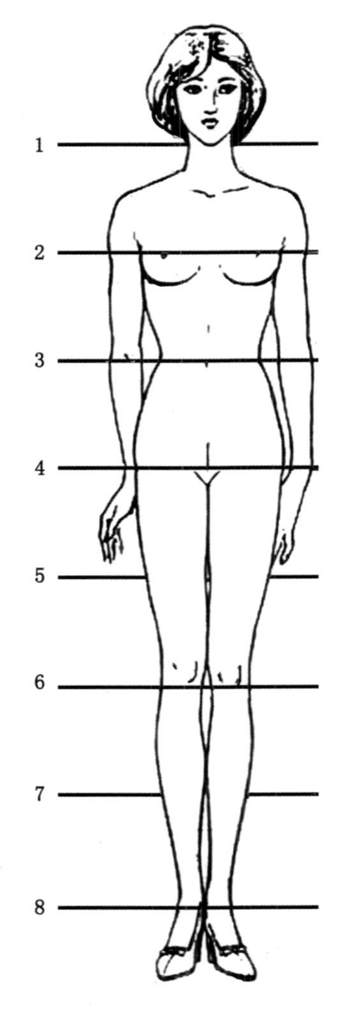

图 1-8　理想人体

（二）人体动态的形成

人体动态的形成主要是由躯干、手臂和腿来决定的，其中决定动态的主要线条位于躯干内，即三条通过躯干的线，人体的肩线、腰围线和臀围线。这几条动态线经过适度的夸张使人体姿态更明确，理解这几条动态线的关系能帮助认识人体形成动态平衡的规律。当身体的重心倾移时，肩线和臀线就会出现倾斜，臀围线会随着骨盆的运动而上下移动。肩线和臀围线之间的角度越大，身体扭动的幅度越大，动态也就越夸张。此时躯干的中心线也会出现弧度，随着人体的转动而产生变化 (图 1-9)。在服装人体的描绘中，即使采用双脚叉开，重心落在两脚之间的姿势时，也会刻意强调肩线和臀线的角度，使肩线倾斜，不平行于臀线，从而表现出动态。

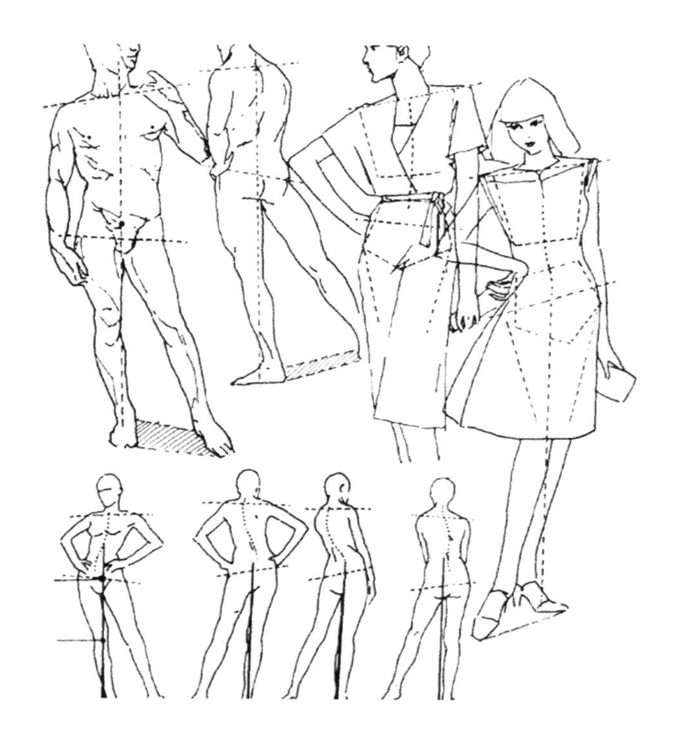

图 1-9 肩线与腰线的变化

掌握好时装人体的重心线，是使画出的人体能够站稳的关键。重心线的起点位于锁骨和胸骨的交点，即颈窝点，是一条穿过人体到达地面的垂线。当人将身体的重心完全转移到身体的一侧时，整个身体的重量就由一条腿来支撑，这时，从颈窝点向下作垂线，垂线应该落在承重脚处。当站立姿势是两腿都受重时，重心线则落在人体的两脚之间。承重腿的改变和臀围线有直接关系，躯干承受重量一侧的臀部向上提起，骨盆向不承受重量的一方倾斜，臀部低的一侧则是非承重腿的位置。肩部和胸廓向受重方向放松，人体的中心线会随之变化。不承重的头、颈、臂和腿可创造出各种姿态（图 1-10）。

图 1-10 人体重心线

（三）眼、手、头部和面部的表现

1. 眼的表现

如图 1–11 所示，眼睛的纵向位置基本处于头长的正中；横向位置基本处于面部的正中；两只眼睛的距离一般为一只眼睛的宽度；上下睫毛逐渐向外眼角变浓密。

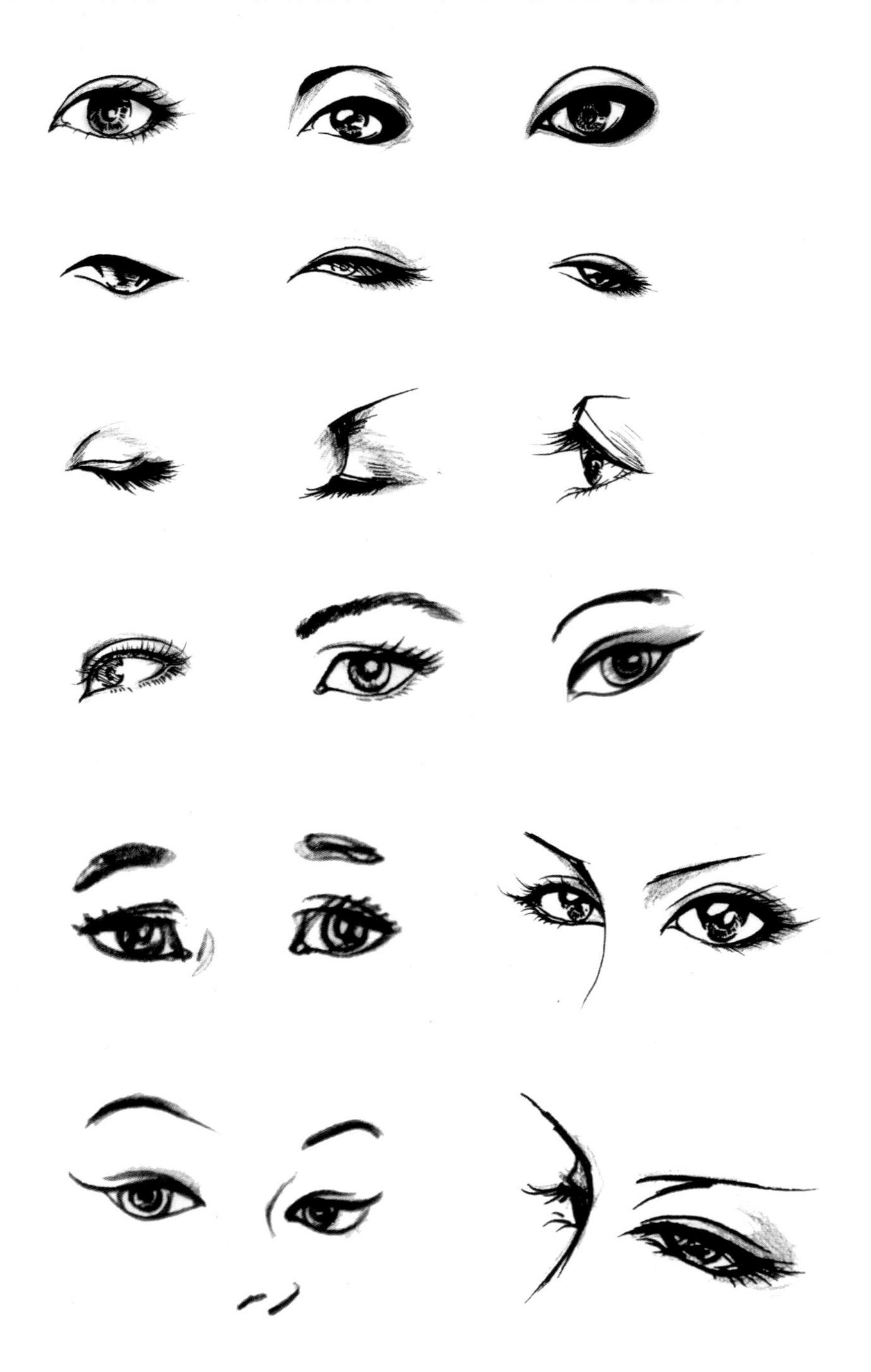

图 1–11　眼的表现

2．手的表现

如图 1-12 所示，在时装画中可以对手的描写进行适当简化，无需展示出每一个指关节或手指甲，注意手部线条的流畅度。

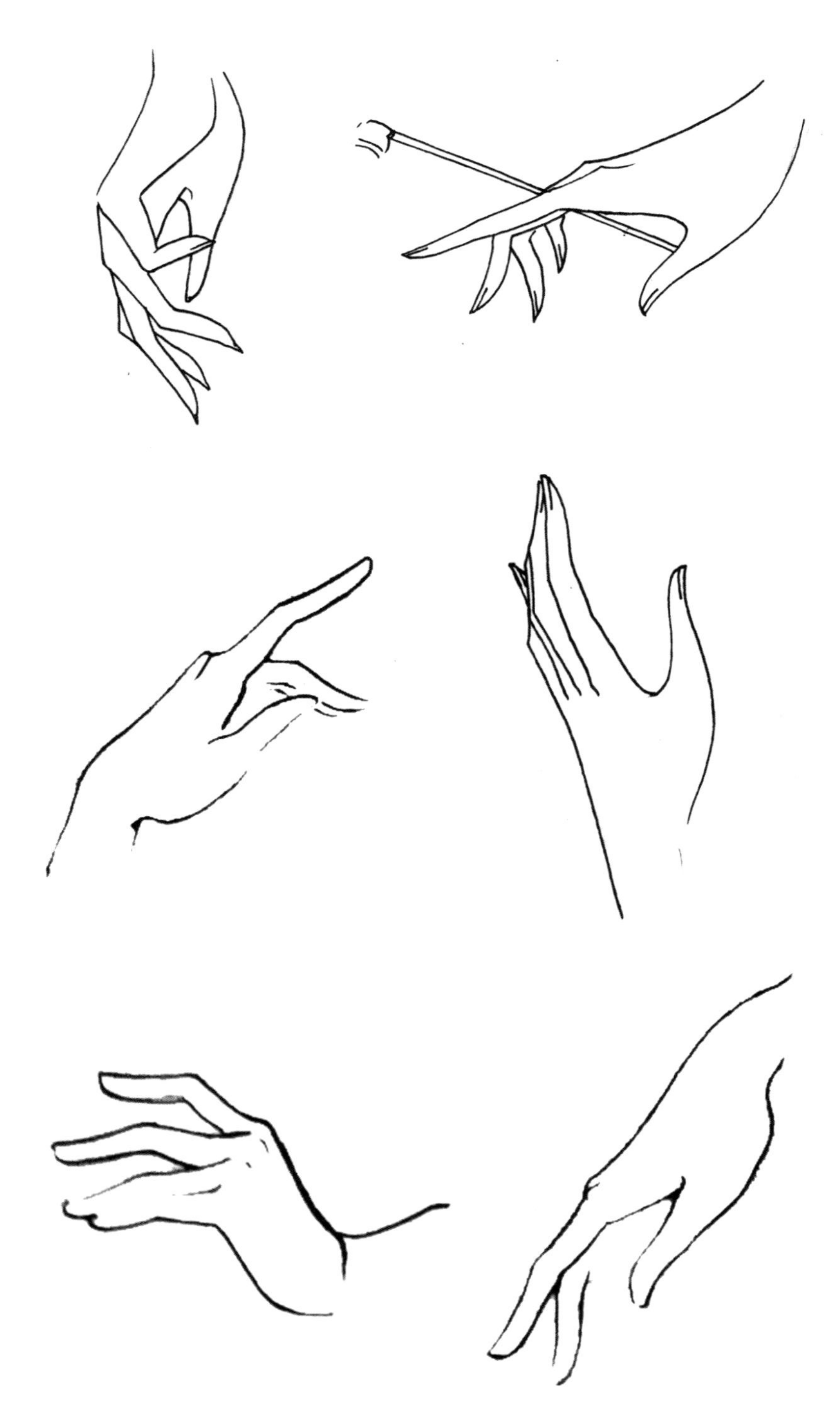

图 1-12　手的表现

3. 头部和面部的表现

如图 1-13 所示，球形、卵形或者方形都可以被视为头的基本形状。面部可以成为整幅画的焦点，但面部更应该与身体其他部位保持和谐。头发的线条起于头皮，并依据特定的发型顺势而下。不用试图表现每一根头发，想办法一丛一丛地表现。头发的色调、光泽以及清晰程度都要进行变化处理，避免看上去死板。

图 1-13 头部和面部的表现

二、临摹与写生

对于创作时装画以及服装设计而言，最基本的要素就是人体形态。要求对人体的精确比例及结构谙熟于心，这对创作完美的时装画和服装设计作品而言都是至关重要的。

在生活中，作为设计师应该学会观察人体形态，并用速写本记录下来。因为时装速写能迅速表现着装人体和设计意图，是学习时装画的必不可少的基础训练。

服装人体姿态是在写实人体的基础上，经过提炼、夸张、概括而产生的，能够充分表达服装服饰美的造型姿态。一般情况下，可以从以下三个方面获得需要的服装人体姿态：临摹优秀的服装效果图、人体写生后进行夸张、以时装和摄影为基础演变成服装效果图（图1-14），而平常基本功的练习可从以下几个方面逐步展开，直至娴熟。

图 1-14　以时装照演变成的效果图（作者：郭文强）

1. 客观的绘画与直觉练习

写生意味着通过直接观察来创造、表现一个形象，其目的是依据真实的情况来展现人体（或物体）。以这种方式绘画，意味着要充分相信自己的双眼所见并完全作为作画的依据。

2.“不要回头看”的练习

集中所有的注意力去关注眼前的人物形态，将一切看到的东西如实地画出来，一旦动笔就不要停下来检查——只注视眼前的形象并将其转化到画纸上。试着只关注模特身上的服装及相关的形状、形态。这种绘画方式需要作者忘记自己的观点，只相信眼前所见。通常当眼前出现一个形象时，大脑就会告诉你“应该”看到什么，而其结果是画出来的形象是你“认为”的样子。

3. 流畅线条的练习

一边观察一边用连贯的线条勾勒对象的轮廓。可以用任何一种工具尝试这种练习。在这过程中，需要首先克制住完善细节的欲望（例如模特的脸），这种练习的目的在于用一条连贯的线条去记录所有的信息。

4. 轮廓线练习

当对着模特进行写生的时候，需要掌握一种技巧，即忽略所有的细节而将注意力集中在整体形态上，在脑海中简化自己所看到的对象，对其进行平面化处理。

三、捕捉时尚信息

在服装设计过程中，如何捕捉时尚因素，并且满足客户的需求呢？

第一种方式：通过网络。在网络社会中，传播资讯最快的渠道当然就是互联网。通过收集现在国际最主流的时装网站，包括电子商务网站和高档成衣的官网。 经过长期、大量的筛选，留下几个非常适合自己的网站作为基础资料来源。在众多的服装网站上选择30 ~ 40 个新款，这些都是国际最新、最热的款式，然后模仿 ZARA 的快速时尚精神，将其收集、组合、消化和运用。

第二种方式：通过市场调研。每月都到商场进行观察，通过这种方法，能够保证设计师紧跟实际的流行趋势，并针对收集的资讯做出相对应的设计手册，平均在 1 个月左右更新一次。

第三种方式：浏览时尚杂志、参加国内较好的时装发布会。最好的时尚盛宴，带来的不仅是某系列款式，更多的是一种时尚的生活态度和感觉。而感觉是可以传递的，它可以被传递到新的服装设计中。

思考与练习

1. 结合自身的专业知识和日常观察，请以“我对时装画的认识”为题写一段话。
2. 临摹或者写生各种姿态的人体及人体局部（以时装速写的形式表现）。

第二章 服装设计色彩表达及常用工具

课题名称：服装设计的色彩表达及常用工具

课题内容：色彩与服装设计表达

流行色预测

服装设计表达常用工具

课题时间：2 课时

教学方式：项目资料、多媒体课件、课堂实训

教学目的：1. 通过对色彩基础知识、色彩搭配规律与流行趋势的学习，掌握服装色彩搭配基本规律与技巧，并能灵活运用于服装设计表达中；

2. 知道绘制服装设计图纸的常用工具与特殊工具；

3. 了解流行色的周期性。

课前准备：二十四色相环的绘制

在日常生活中，人们一直被各种各样的色彩包围着。研究显示，顾客对物体产生感觉最初 20 秒内，色彩感觉占 80%，形体感觉占 20%；2 分钟后，色彩感觉占 60%，形体感觉占 40%，5 分钟之后，色彩感觉和形体感觉各占一半，并且这种状态会一直持续下去。当人们观察一套服装时，最先看到的也是服装的颜色，随后才是服装的面料特征和款式结构。服装色彩给人鲜明强烈的视觉的第一印象，从而成为服装中重要的组成部分。色彩也是服装设计表达中重要的一环，对于表达独特的视觉效果起着至关重要的作用。而服装色彩好看与否的关键在于搭配，这就需要掌握色彩基础知识以及色彩的搭配规律。另外，服装色彩受时代与流行的影响，因此服装设计表达时还要把握流行趋势。

第一节　服装设计的色彩表达

一、色彩与服装设计表达

选择什么样的颜色进行服装设计，首先要考虑“五 W”原则，即什么人穿 who，什么

时候穿 when，什么地方穿 where，穿什么服装 what，为什么穿 why。其中包括考虑季节气候的因素。如秋冬季节人们倾向于穿暖色、深色的服装以带来温暖感，而春夏季节人们倾向于穿冷色、淡色的服装以带来凉爽感，设计秋冬季节的服装款式时应首选暖色或深色，设计夏季服装款式时首选冷色与亮色。

世界上千变万化的色彩有无数种，普通人的眼睛可以分辨大约 35 万种不同的色彩，但我们并没有都为它们命名，而是通过色彩系统将它们进行科学的分类，从而科学地识别和定义色彩。

1. 色系

（1）无彩色和有彩色　色彩按照有无色彩倾向分为无彩色和有彩色。黑色、白色、金色、银色以及黑白按照不同比例相混合而产生的深浅不同的无色彩倾向的灰色，统称为无彩色，如图 2-1 所示。以红、橙、黄、绿、青、蓝、紫为基本色，按不同的比例相混合产生的无数种有色彩倾向的色彩统称为有彩色，如图 2-2 所示。

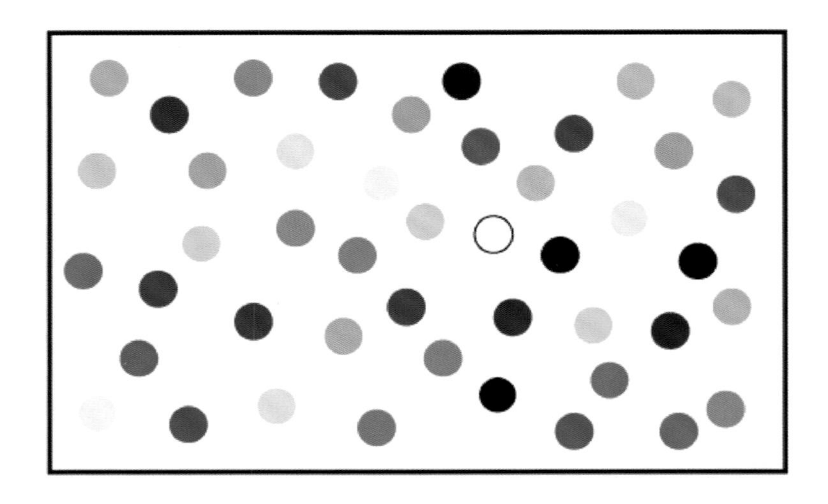

图 2-1　无彩色

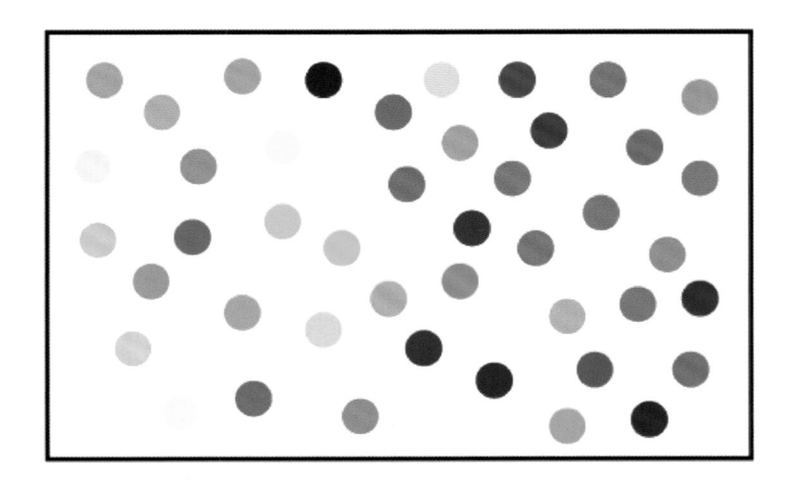

图 2-2　有彩色

无彩色组合是服装设计中永远流行的色彩组合，也是搭配中最容易形成和谐印象的色彩组合，在服装设计表达时重点注意明暗的对比关系及服装材料的对比关系。

有彩色与无彩色的色彩组合或有彩色之间的色彩组合尤其要注意用色要形成和谐统一的印象，同时还要兼顾对比关系。基本规律总结：按照一定的秩序搭配色彩，相互搭配的色彩要有主次之分并形成一定的色调，在统一色调的前提下保持一定的对比，以增加服装的灵动美感。

（2）冷色和暖色　色彩按照不同的色相所产生的感情和联想有冷色、暖色和中性色之分。当然，色彩的感情和联想，主要反映在日常生活的经验、习惯、环境等方面。地域、民族、年龄、性别的差异会导致对色彩感情认知的不同，但一般来说，色彩感情联想有共性特征。红色、橙红色、橙色、橙黄色、黄色等色给人感觉比较温暖，为暖色；蓝绿色、蓝色、群青蓝色等给人的感觉比较清冷，为冷色；叶绿、黄绿、群青、青紫等没有明显的冷暖感，为中性色。图 2-3 是中国流行色协会的 CCS 色相环，其编号 15 ~ 5 的颜色给人感觉温暖，为暖色；编号 9 ~ 12 的颜色给人感觉寒冷，为冷色；编号 6、7、8、13、14 没有明显的冷暖感，为中性色。冷暖是相对的，不是绝对的，如把青紫放入群青蓝色的环境中，它会相对给人以温暖的感觉，此时它又成为了倾向于暖的颜色。

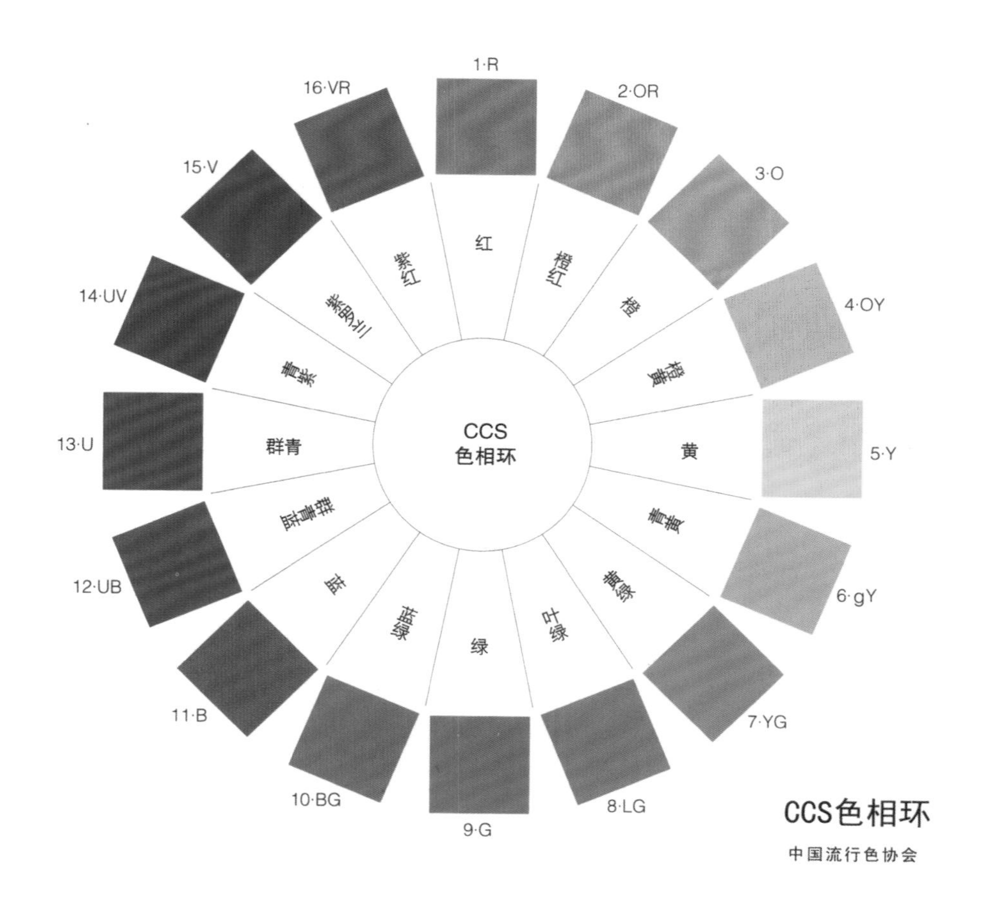

图 2-3　CCS 色相环

2. 服装设计表达色彩搭配规律

服装设计配色可能在形式法则上可以做到无懈可击，但因为五 W 因素的变动，会产生不同的评价。同一套服装设计配色某些人认为是美的，而另外一些人却可能认为是丑的；在某个场合穿是适合的，而在另外一个场合却不伦不类；或在这个季节穿是得体的，在另外一个季节却无法穿着；也有可能现在是流行的，过了不久又成为过时的了。所以服装设计配色没有绝对的标准，服装设计配色与目标消费者的生理、心理状态相符合的程度决定美感品级。

在现实配色过程中，我们可以通过选择的材质来调和色彩，这是帮助理解色彩运用的最后办法。可从红、黄、蓝三原色开始，当这三种颜色混合在一起后，便会产生一种黑色，然后来尝试混合间色，接下来再拿复色做实验。每一种色彩以不同比例与其他色彩相互混合会制造出不同层次的暗色调。每一种色彩都呈现出三种重要属性：色相、明度与纯度。而每一种属性都可以通过色彩调和来加以控制，或通过更改色彩所处的环境来调整。色调指的是色彩的一种名字，例如红色、绿色或蓝色，这标示了它们在光谱中所处的位置。明度是指一种色彩相对的亮度或暗度。明度的差别覆盖了从最暗的黑色到最亮的白色之间的所有差别。纯度，也被认为是色彩的密度，是指某种色彩所显示出来的、相对的、色调的饱和度。一种高纯度的色彩会带给人强烈的色调感觉，而纯度低的色彩其色调感则相对较弱（图 2-4）。

将某一种色彩与白色调和会提高明度。

将某一种色彩与灰色调和会降低纯度。

将某一种色彩与黑色调和会降低明度。

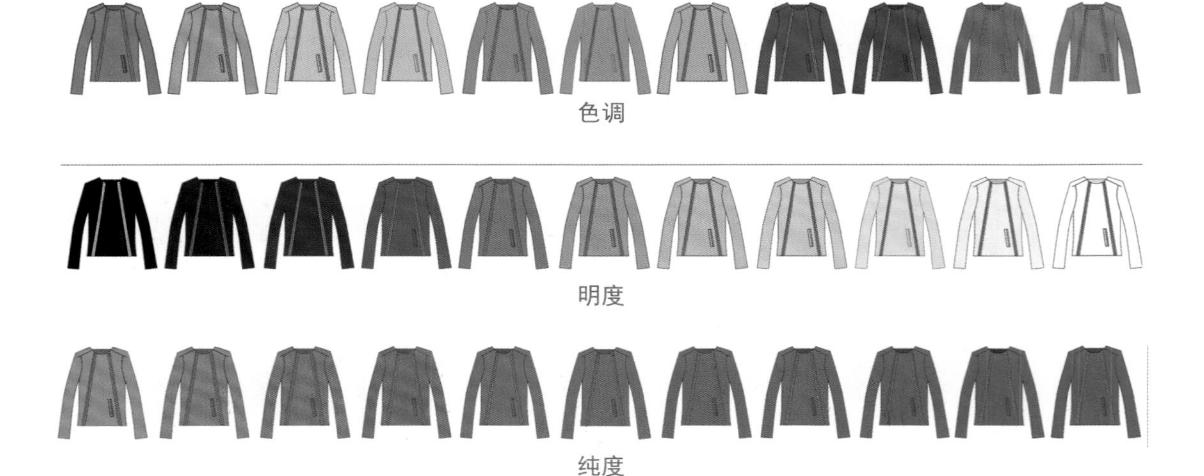

图 2-4

二、流行色预测

服装色彩会随着流行趋势的变化而变化。色调的浓淡也会发生细微的变化。每个设计师都必须意识到即将来临的流行趋势。服装业通过市场调查、发布会、交易会、杂志和网上发布的信息等来了解相关的流行知识。

1. 流行色

流行色是指在一定时期和地区内，产品受到消费者普遍欢迎的几种或几组色彩和色调。它是以组群的方式出现的风靡一时的主销色，又被称为时尚的色彩。它存在于纺织、轻工、食品、家具、城市建筑、室内装饰等各个方面的产品中，但是反应最为敏感的是纺织产品和服装，它们的流行周期最短，变化最快。

流行色是一个过程性很强的色彩，它是与常用色相对而言的。各个国家或各个民族，都有自己相对稳定的传统色彩，传统色彩有时也会发生转变，上升为流行色。而某些流行色彩，经过人们使用后，在一定时期内也有可能变为常用色。

2. 流行色的形成与变化规律

流行色的产生与变化，不由个人决定，它的变化动向受社会经济、科技进步、地域条件、消费心理、色彩规律等多种因素的影响与制约。

根据国内外流行色演变的实际情况，流行色的变化周期包括四个阶段，即始发期、上升期、高潮期、消退期。整个周期过程大致历经 5 ~ 7 年，其中高潮期内的黄金销售期大约为 1 ~ 2 年。但是，流行色周期变化的长短，会因各国、各地区的经济发展水平、社会购买力、审美差异等的不同而各有差异。通常，发达国家的变化周期快，发展中国家的变化周期慢，某些贫困、落后的国家和地区甚至没有明显的变化。

流行色变化的 7 年周期论，首先是由美国色彩专家海巴比伦提出的，此理论被日本流行色协会常务理事太作陶夫等专家所证实（图 2-5）。

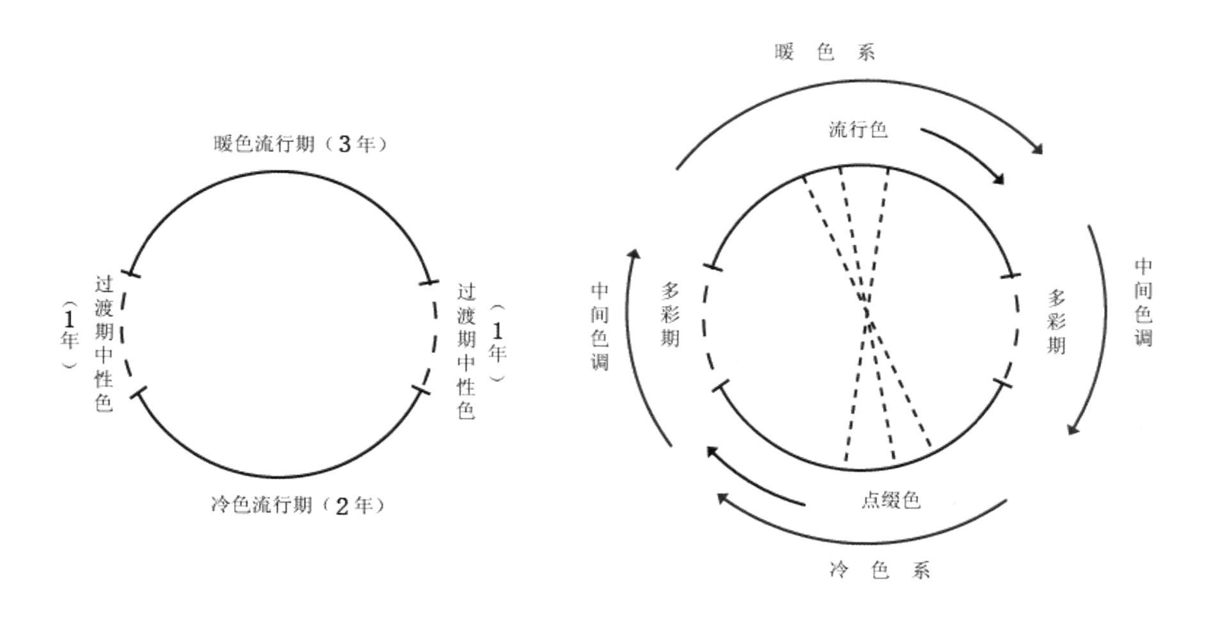

图 2-5　流行色变化周期

色相变化，新出现的色相与原有色相在色相环上会产生一定的距离，它们总是各自向互补的方向围绕中心作转动，并因此出现暖色流行期和冷色流行期之间的相互转换。这种转动一般是多变的、顺向的，有时也可能是跳跃的、逆向的。而在转换的交替过程中，必将产生多种色相的多彩活跃期，且以中间色调为主要色彩特征。

3. 流行色卡的组成及应用

国内外各种流行色研究、预测机构，每年都要发布 1 ～ 2 次流行色，并以不同主题色组的形式发布，这些色卡一般都有二三十种色彩组成，一般色卡大致可分为若干色组。

（1）时髦色组　时髦色组是即将流行的色彩（始发色）、流行高峰的色彩（高潮色）和快要消退的色彩（消退色），时髦色往往是很多时尚服装的主色调。

（2）点缀色组　点缀色组往往是时髦色组的对比色或补色，在配色中用做小面积的搭配或图案的配色。

（3）基础、常用色组　含灰亮较大的色彩，对眼睛的刺激性弱，在每年的流行色中均有出现，常用色是适合大部分人群穿着的色彩，如白色、黑色、灰色等。

另外，色卡上的文字说明是对流行色的诠释，也有助于我们对未来流行色的认识。

4. 流行色的发布方式

服装是人们日常生活中消费量较大的用品，由于季节的转变和服装款式的变化，人们会不断更新衣着，因而对流行色也特别敏感。不管是在国内市场还是在国际市场，服装是否具有流行色，其价格相差很大。运用了流行色的产品虽然价格偏高但却较受欢迎，它在商品上的附加经济价值是显而易见的，因此，服装流行色研究、预测工作对服装生产、消费起着十分重要的指导作用。

（1）流行色的预测　如何准确预测流行色，以取得良好的经济效益，对生产、经营者来说，是个至关重要的问题。预测选定流行色，需由工商业人员和色彩专家以及色彩研究机构等多方面以科学的态度共同进行。

① 预测前的准备工作。预测前需深入研究色彩学的色彩要素及秩序特征，并充分研究色彩变化对人的生理、心理作用；对各个国家、地区消费者的风俗习惯、色彩喜恶状况作广泛、深入、细致的调查研究；总结国际上历年来色彩的流行状况、规律、发展趋向；掌握近期内详尽、确切的市场动态及销售统计数字。

② 预测时的注意要点。预测选定的颜色要使生产者、经营者和消费者的要求都能得到适当的满足；既要考虑流行色系的延续性，又要有推陈出新的新鲜感；为使不同国家和地区的多种层次的消费者都有选择的余地，要充分考虑常用色与流行色的配合使用，使预测的流行色有相对宽广的辐射面。

（2）流行色的发布　流行色的产生主要依据市场色彩的动向与流行色专家的灵感预测，以大量的科学调查研究工作为基础。预测有时间长短的不同，如《国际色彩权威》杂志每年发布早于销售期 21 个月的色彩预测，美国棉花公司市场部早于销售期 18 个月预测发布棉纺织品流行趋势，英国纱线展提前销售期 18 个月发布流行趋势，法兰克福的英特斯道夫衣料博览会的面料流行趋势展提前销售期为 12 个月。如图 2-6 所示，流行预测分为长期预测与短期预测。以国际流行色协会为例，国际流行色协会每年分春夏和秋冬两次召集国际流行色协会成员国的专家来选定未来 18 个月的流行色组及说明。会议开始后由各国专家代表按照所定程序逐步向大家介绍本国色彩提案的详细情况，展示色卡并加以形象化的说明，然后由与会代表推选出大家比较认同的某国提案为蓝本，各国代表再加以补充、调整，推荐出的色彩只要有半数以上代表表决通过，便能入选。最后进行讨论并对色彩进行分组、排列，其中以法国和德国的代表为专家组的核心人员，经过反复磋商，新的国际流行色提案就诞生了。为保证流行色发布的准确性，大会当场把各种有色纤维按照新色卡的标准分发给各会员国代表，供大家回国后复制、使用。由于国际流行色协会不再另外发行流行色卡，会员国就享有并获得流行第一手流行资料的优先权。相应的保密措施是半年内不得将该色卡在公开的书刊、杂志上发表。

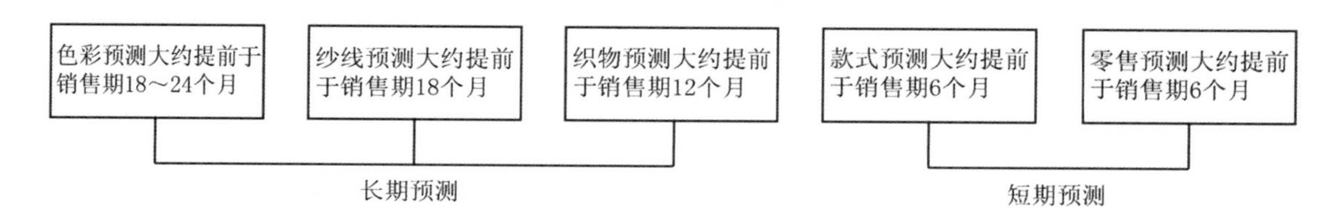

图 2-6　流行预测时间及分类

国内流行色研究机构和组织在发布流行色卡时，依照国际流行色协会的工作程序和方法，大致情况基本相同，新的流行色卡产生后，大量复制，色卡均用染色纤维精细制作而成，迅速传送到各有关用户手中，并通过电台、电视、报刊、网络及各种发布会进行广泛宣传，使流行色的经济效益和社会效益最大限度地发挥出来。图 2-7 是 2013 年春夏中国纺织面料流行趋势主题之一与二；图 2-8 是《国际纺织品流行预测》2013 年春 / 夏女装色彩预测。

图 2-7　2013 年春夏中国纺织面料流行趋势主题之一与二

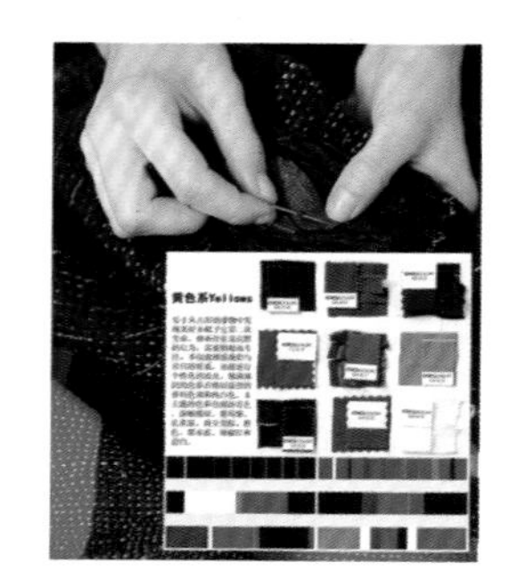

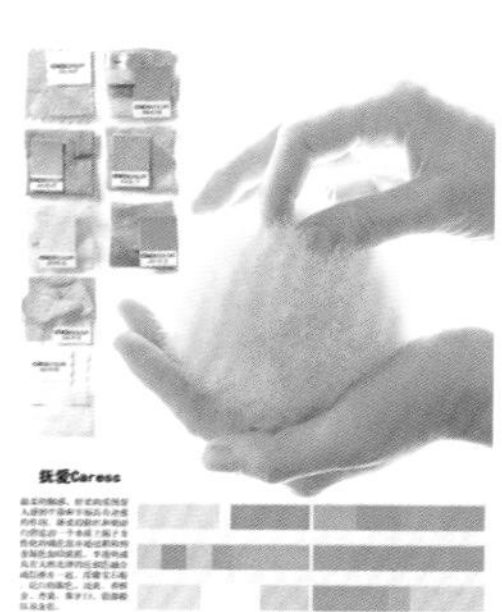

图 2-8　《国际纺织品流行预测》2013 年春 / 夏女装色彩预测

（3）流行色研究和发布的权威机构

① 国际流行色协会。该协会是国际上最具权威性的研究纺织品及服装流行色的专门机构，全称为“国际时装与纺织品流行色委员会”（International Commission For Color In Fashion And Textiles），简称 Inter Color。由法国、瑞士、日本发起，成立于 1963 年，总部设在法国巴黎。协会主要成员是欧洲国家的流行色组织，亚洲有日本、中国、韩国，还有一些以观察员身份参加的组织，如国际羊毛局、国际棉业研究所等。该协会在每年 2 月和 7 月各举行一次发布会。各成员国可由 2 名专家出席，预测并发布 18 个月后的国际流行色。

②《国际色彩权威》。全称为 International Color Authority，简称“I.C.A”。该杂志由美国的《美国纺织》（AT）、英国的《英国纺织》(BT)、荷兰的《国际纺织》(IT) 出版机构联合研究出版，每年早于销售期 21 个月发布色彩预报，春夏及秋冬各一次，预报的色彩分成男装、女装、便服、家具色，流行色卡经过专家们的反复验证，其一贯的准确性为各地用户所公认。其发布的色卡包括关键色和与之相协调的重点色调，便于实际应用。

③ 国际纤维协会。全称“International Fiber Association”，简称“I.F.A”。由美国 ICI 公司、杜邦公司和德国等组织构成。

④ 国际羊毛局。全称为“International Wool Secretariat”，简称为“I.W.S”，成立于 1937 年，男装部设在英国伦敦，女装部设在法国巴黎，并与国际流行色协会联合推测色卡，使用于纺织品和服装。

⑤ 国际棉业协会。全称为“International Institute for Cotton”，简称“I.I.C”。该协会专门研究与发布适用于棉织物的流行色。

⑥ 法兰克福的英特斯道夫国际衣料博览会。该博览会每年举行两次，与国际流行色协会所预测的色彩趋向基本一致。

⑦ 中国流行色协会。1982 年于上海组建，初名为中国丝绸流行色协会。1985 年改为现名。最初几年致力于丝绸色彩的研发。1983 年参加国际流行色委员会，为成员国。现主要任务是调查国内外色彩的流行趋向，制订 18 个月后的国际流行色预测，发布中国的流行色预报，出版流行色色卡。该协会定位是中国色彩事业建设的主要力量和时尚前沿指导机构，业务主旨为时尚、设计、色彩。服务领域涉及纺织、服装、家居、装饰、工业产品、汽车、建筑与环境色彩、涂料及化妆品等相关行业。

5. 流行色在服装中的运用

由于季节的转换和服装款式的流行变化，人人都在更新着自己的衣橱，然而色彩又是流行变化中最关键敏感的因素，相对于款式与结构，鲜明、强烈地给人以“先声夺人”的第一印象。运用流行色的服装与不运用流行色的同款式、同质地服装价格可以相差数倍甚至几十倍，服装的消费周期也因流行色的存在而缩短，流行色附加的经济价值是显而易见的。流行色的研究、预测工作，对生产、消费起指导作用。但在使用过程中，如何根据不同地区、不同服装品牌、不同的消费对象选择不同的流行色彩搭配是值得深入探讨的。

（1）不同地区的区别　国际流行色对世界各国的服装市场有着明显的指导作用，其影响是宏观的。国家不同、地区不同，则相对于世界流行预测发布会有很多变化，流行的时间也有先后和长短的变化。交通、通讯、贸易的发达，不同地区的色彩也会反过来作用于国际色彩潮流的趋向。

（2）不同消费类型的区别　据统计，即使在经济发达的国家，流行色的穿着比例也不会超过整个服装总销量的 20% ~ 30%。他们大部分是青年人，也有一定数量的中年人和少数老年人。消费者通常分为勇敢型、时尚型、追随型、保守型、落伍型、对时尚无兴趣型

六种。流行色的穿着者一般属于前两种类型。他们数量较少但对整个社会群体的着装起着引导作用。但大部分人常常穿着的服装色彩，还是常用色和基本色。因此，对常用色的研究及应用也不容忽视。其实，流行色和常用色并没有绝对的界线，有些流行色，如黑、白、咖啡色等，就是常用色上升而成的。常用色也有一个缓慢演变的过程，只是相对不宜被察觉。设计服装时要注意流行色和常用色的组合使用，既要顾及喜欢常用色的人群又要兼顾喜欢流行色的人群，当然还要结合品牌自身的风格定位有选择地运用。唯有如此，才能“百色中百客”，在稳定原有销售群的同时扩大销售面，获取最大的经济效益。

（3）不同档次服装的区别　不同消费群有不同的消费需求，服装根据不同的消费需求分成高、较高、中、低四个档次。高档或较高档的服装大多属于时装类，这些服装往往用流行的色彩、上等的服装材料、精致的版型和精湛的工艺制作而成，价格昂贵、销售面窄、销售量少。中、低档的服装，销售面广，针对的是普通大众，这些服装往往对流行色的反映不太敏感，而常常选用常用色，搭配部分流行色。还有部分针对少数追求时尚的草根族而生产的低档街头时装，会选用流行的色彩组合配以普通的服装材料、普通的版型和工艺。因此，不同档次的服装要根据自身的情况选用不同的流行色与常用色组合。

（4）不同服装款式的区别　除了色彩以外，款式也是吸引消费者的最重要因素之一。如运动衫、休闲裙、铅笔裤、时装裤等各种新款式服装，与流行色结合后，相得益彰，可增添时尚的魅力，刺激消费者的购买欲望。但对于一些约定俗成的或是传统的服装款式，如中山装、旗袍、军装、婚纱等则很少受到流行色的影响。

（5）不同服装材料的区别　流行色作为一种普及的审美现象，存在于人们的服饰文化领域之中，而它从视觉向精神、情感领域转化时必须借助各种服装面料为载体，与材料的肌理特点相结合。材料的特征将直接影响附着色的审美效果。如棉给人以质朴、自然、随和之感，乔其纱给人以轻盈、悬垂、柔和之感，皮草给人以凝重、高贵、野性之感。相同的色彩不同的材料会给人不同的感受。因此，只有当流行色与面料特征完美结合时才会增强流行色的吸引力并获得最大的流行效应。

第二节　服装设计常用表达工具

一、一般手绘工具

在借助计算机表现服装设计之前，时装设计行业的设计师一般采用手绘设计图纸的方法，而手绘服装设计图纸也有着自身的优势，较计算机绘图显得更加自由和随意，在灵感突然到来的时候可以随时记录在纸上。而传统的服装设计图的绘制则需要良好的造型基础和色彩功底，而一幅完整的设计图纸也离不开工具的表现力。手绘服装设计图纸常用的工具有水粉、马克笔和彩色铅笔等，如图 2-9 所示。

二、特殊材质及其辅助工具

实际上，服装设计表达在很多时候要用不同的工具来表达不同风格的效果。比如在表现不同的时装面料质感和风格时，就需要使用适合的工具来快速、准确地表现画面效果。对于一个具有探索精神的创作者来说，绘画的工具通常是不拘一格的，生活用品（牙刷、汤勺等）、报刊书籍、自然材料（花草、羽毛、沙石等）、面辅料（缝纫线、蕾丝、水钻等）等都可以拿来当做设计的工具盒素材，如图 2-10、图 2-11 所示。

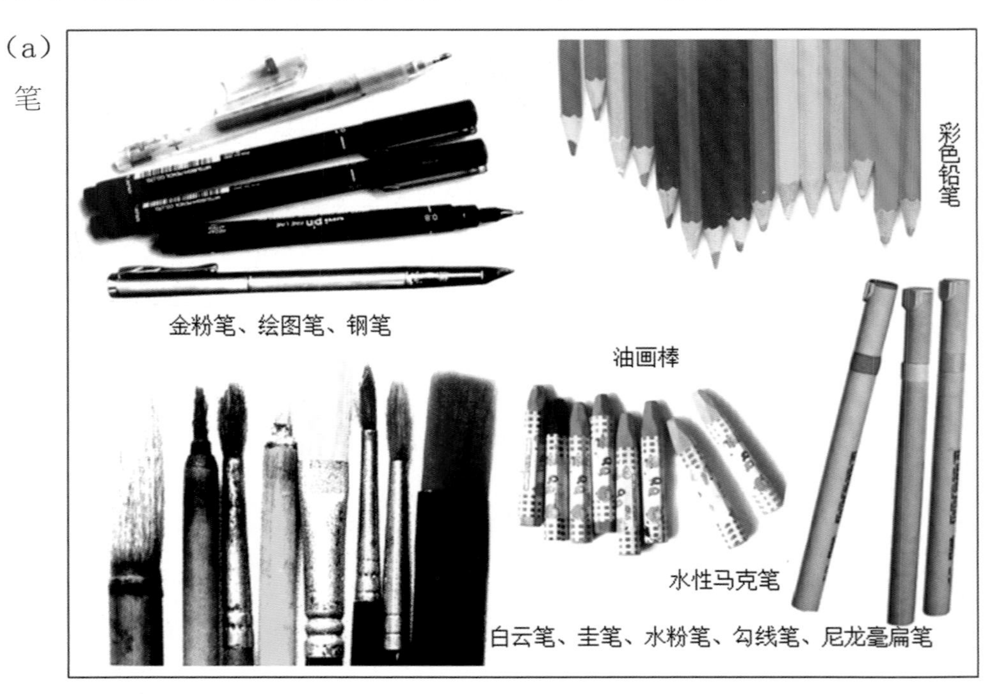

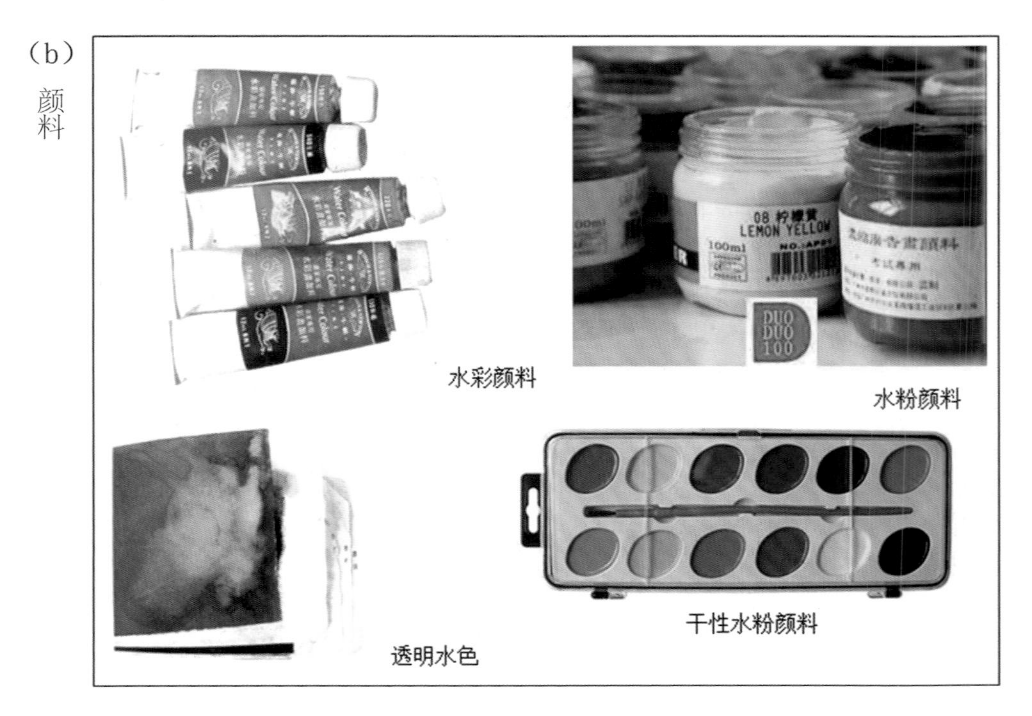

图 2-9　常用手绘工具

图 2-10 运用不同材料制作的服装设计表达（作者：曾晨）

图 2-11　运用不同材料制作的服装画（作者：曾晨）

常被使用的特殊材料及工具有如下几种。

1. 拼贴

拼贴是一种很好的技术，有利于理解形体的结构以及对人体轮廓和周围空间关系的研究，能让时装效果图充满活力和乐趣。

（1）使用范围　拼贴可以完美地应用在所有的绘画中。精确地设计画面，仔细地裁剪纸张，可随意地把一名模特的照片作为拼贴画的原始素材 (图 2−12)。

（2）特点　采用拼贴处理的效果图十分有趣，这也是它的主要特点。拼贴还有利于废物的回收再利用。这是一项相对简单的技术，作品缺乏细节的说服力。但如果每一个部位都要拼贴图案的话，则相当费时。

图 2-12　拼贴

2. 发泡笔和闪光胶水

发泡笔和闪光胶水有时会应用在衣料上，尝试用在服装设计表达图中也同样是一种有趣的方法。表面凸起的线条虽然简单但让人印象深刻。这些工具非常适用于个人作品集的封面设计或其他的图形表达中，也可以用在服装设计素描本中，或者用于写生。荧光笔也可以用于表现闪闪发亮或需要突出的地方。 适度地使用发泡笔和闪光胶水，会取得理想的服装设计表达效果。

（1）使用范围　重点刻画的细节部位、个人作品集的封面、实验性表现、服饰配件、拼贴画等。

（2）特点　这些媒介的立体效果和附着特性使它们非常适于描绘珠宝和服饰配件，可以产生直观的效果。但是在画面中使用，不易干燥。

3. 化妆品

化妆品作为绘画的工具，可以完全放开思路，天马行空地去使用。只要用美丽的产品实现美丽的服装设计构思就可以了。化妆品是一种需要你不断探索、体验其中乐趣的工具。

（1）使用范围　使用于人物脸部或衣服的细节刻画、实验性表现、服饰配件等。

（2）特点　使用化妆品绘画是有趣和创新的体验。可以用眼线笔绘制线条；用眼影色刻画形状、营造柔和的阴影状幻彩效果；唇膏和指甲油也可以用于服装的质感表达。当然，将化妆品应用在绘画中，很难保持画面干净和没有涂抹的痕迹。

4. 辅助画具

主要的辅助画具有：画板，用于调颜色的各种调色盘或调色板，用于洗笔的水罐或水筒，用于裁纸的尺子、裁纸刀、剪刀等，用于固定纸张的胶带、胶水、双面胶带、夹子、图钉等，用于拷贝用的拷贝纸和各种回形针等。

5. 其他工具

扫描仪、照相机、喷漆枪等。

思考与练习

1. 同种款式不同色相对比关系的服装配色实训练习。

2. 根据当前流行色研究机构发布的流行色资讯，调查服装流行色在本地的应用情并总结出当前服装的流行色，然后运用流行色和常用色设计两款服装。

3. 准备服装设计表达的一套绘图工具。

第三章 服装设计表达的流程

课题名称：服装设计表达的流程

课题内容：主题提案的确定

设计初稿与系列设计方案

平面款式图的绘制与制作指示

服装设计展示

课题时间：4 课时

教学方式：图片、多媒体讲授、课堂讨论

教学目的：1. 学会如何运用最初的创意灵感以及从草稿本上获取思路来进行原创设计。

2. 让学生建立起正确的服装设计表达思路，了解服装设计表达与时装画的区别，掌握其设计方法。学会运用专业技巧来表达自己的设计观念。

3. 使自己的个人风格与特定的客户、市场需求更充分地接轨。

课前准备：梳理出一条清晰的服装设计思路。

作为一名当代服装设计师，在学习的过程中和职业生涯之中需要掌握一种能有效展示自己的设计理念、设计表现风格、主题提案以及推广性服装效果图的方法。本章将讲述如何运用自己最初的创意灵感以及从草稿本上获取的思路，来进行原创性设计。除此之外，本章还指导如何运用专业技巧来表达自己的设计理念，同时又不会磨灭创意思想，最后，还将指导如何使自己的个人风格与特定的客户、市场需求更充分地接轨。

第一节　主题提案的确定

在展开一个设计之前，可以创建一个提案，这是一种将调研信息与自己的设计想法进行有效组织和结合的方法。用一个主题提案来展示款式、面料与色彩等资料，这将有助于确立整套服装设计的主体风格，对整个设计创意过程具有重要的基础作用。一套有效的提案还能帮助相关生产环节的人们整体、清晰地解读设计师的设计意图。在时装行业当中，人们常常会将主题提案视为某种故事的或观念的展示载体。

一、发现灵感

一名服装设计师需要敏锐地从日常生活中找寻那些富有视觉冲击力的事物。或者是走在大街上看到各种不同建筑、风景和一些广告招贴的时候，那些迷人的造型和材质纹理能触发设计师的想象力，有可能萌生新的设计想法。创作灵感还有可能因一首动听的乐曲而激发，一张刊登在杂志上的照片也可以激发不错的创意，一部有趣的电视纪录片也可以激发创作热情，甚至一首感兴趣的诗也能将创作灵感召唤出来。各式各样的灵感无时无刻不在身边并有待发掘。成熟的设计师会发现一切事物都充满了能触发想象力的潜质并对其筛选。事实上极少有创意来自于纯粹的创新。就像毕加索说的那样，“你所能想象的一切均为真实”。设计师只要是顺从自己的感觉而获得的想法，便会拥有自己的原创性解释。

服装设计师发现灵感的途径有很多种，与生活方式也密切相关，常见的有如下方式。

1. 网络

网络可能是最容易发现灵感的地方，因为它可以在全球范围采集信息，除了全世界顶级设计师最新的成衣 T 台秀的图片、相关文字说明外，还有面料来源或一些视觉冲击力很强的图片信息，同时通过网络可以逐步接触到一些公司或生产商，他们可以提供面料样片、边饰以及在生产或后整理过程中所用到的专业技巧。

2. 图书馆中书籍和期刊

图书馆有集中探寻与主题相关的大部分书籍和报刊的功能（图 3-1）。这些书籍浏览还可以带来特别的感受，它们本身就是精心制作和装帧完美的艺术品。对于服装设计师来说，书籍和期刊的形式可以提供当前阶段的参考图片和文字。其中时尚报刊是信息资料和潜在灵感的极好来源。首先，报刊可以带来时尚行业中最新的时尚潮流、款式以及其他设计师的服装设计；其次，还有助于设计师发现总结应该关注的其他方面资讯的收集。当然，欣赏其他设计师的系列设计并不是为了模仿他们的设计，而是要了解哪些设计是已经被创造出来的，同时也能开启新的创作思路。

图 3-1　时尚书刊

3. 博物馆和艺术画廊

博物馆收藏着很多不同历史时期的艺术品以及珍品，如军事、科学、自然历史或者美术，这些为服装设计师寻找灵感提供了极好的开端。同时还可以尝试探寻众多以不同主题、不同地区、不同时期为特色的画廊或场馆。它们可以为主题素材、色彩、质地、印花和表面装饰提供灵感来源。在博物馆和艺术画廊里，可以发现在同一个地方能够找到多种潜在的可能性，而设计师对其的挖掘潜力却是无穷无尽的。

4. 服装史

作为一名时装设计师，如果熟悉服装史并知道每个历史时期曾经出现过的主流服装样式，就可以由此引申开来并将它应用于未来的设计中，进行全新的演绎。

5. 跳蚤市场和二手店

在跳蚤市场和二手店可能是发现古董、废弃的赝品以及过时的或者某个历史时期的服装真品或仿品的绝佳机会。一些设计师已经通过在系列设计中使用过时服装或回收旧衣建立起他们独特的设计风格。

6. 旅行

作为一位服装设计师，探索和发现周围的世界，并且意识到周围的每一件事物都有成为设计灵感的潜力，关注其他国家及其文化，并向他们学习，会为你提供大量的，可以转化为现代时装设计的信息资料（图 3-2）。

大型设计公司，为了设计创新，常常会把设计团队送到国外采风，收集旧古董、面料小样、赝品、服装、珠宝和首饰——任何他们认为可以作为灵感的事物。摄影和绘画也是记录这些异国旅行体验的重要手段。

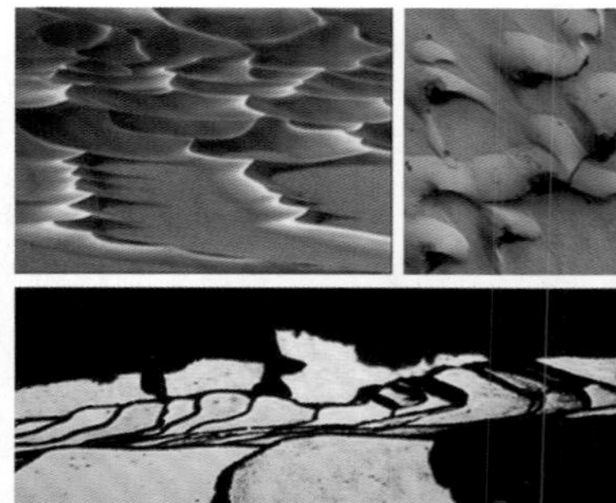

图 3-2 不同信息的收集

7. 建筑

时装与建筑一样，都是表达空间、体积和运动的理念，而且在将材料从两维平面转化到三维立体结构的利用方式上两者也具有相似的实践特性，正是因为这种共同点，建筑便成为时装设计师绝妙的调研素材（图 3-3）。

图 3-3　建筑

8. 自然界

自然界提供了大量的取之不尽的灵感，它是可视刺激物的来源，可以为调研工作中的所有关键要素的确定带来灵感启发，如造型、结构、色彩、图案(图 3-4)。

图 3-4　自然界

9. 电影、戏剧和音乐

电影、戏剧和音乐一直以来都与时尚和服装有着非常紧密的联系。明星们所显露出来的魅力四射的常人无法企及的生活方式大大刺激了人们对他们所穿服装的向往，并且期望创造出更多的曼妙服装（图 3-5）。

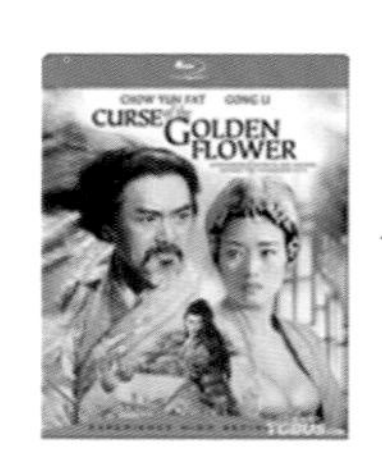

图 3-5 相关艺术

10. 街头和年轻文化

“升腾效应”以及流行趋势如何形成于街头并对 T 台设计和最终的主流时尚带来影响。通过观察和体验街头时尚以及任意时刻，任何城市出现的事物，你都可以过滤出当下的流行趋势和趣味，并判断出哪个是新鲜的、全新的并且具有潮流指向作用的（图 3-6）。

图 3-6 街头时尚

11. 新技术

时尚行业中新技术的发展一直以来都在设计和调研进程中起着重要作用（图 3-7）。作为一名设计师，在着手一个全新的系列设计时，要能够考虑到这些新技术和未来可能出现的科技创新，这一点很重要。

图 3-7　新技术

12. 流行预测和流行预测机构

流行预测和流行预测机构是毫无疑问的灵感源。流行预测机构是指为了对时尚行业起到支撑作用而建立起来的公司，专门关注流行趋势和文化诉求。这些机构通过市场调研针对社会上即将流行的理念和方向为设计师提供管窥之见。这些理念可以以色彩、面料、细节和造型的形式呈现出来，作为时装设计师，所有这些元素对于创造性的设计进程来说都是必不可少的。这些机构发布的信息可以通过专业的杂志和流行趋势书籍获得，也可以通过贸易展会获得。

13. 设计师案例研究

除了学习国内外优秀设计师的设计风格和服装细节处理外，还可以和服装设计方面表现优秀的同学们探讨设计的思路和方法，学习他们优秀的设计案例。

二、确定主题提案构图形式

制作主题提案常用内容明细表：
· 底板
· 定义图形
· 背景纸
· 泡沫板
· 喷胶
· 裁切工具
· 色彩样本
· 面料样本
· 织物样本
· 文本（包括主题与季节）

首先，将在调研阶段所收集到的资料全部陈列出来，然后有选择地决定哪个或哪些形象最能体现设计理念与设计主题。这些形象资料可能来自某个速写本、某本杂志，或者是从某张摄影作品中裁剪下来的。如果不只选用一张图片资料，便需要确保它们在色彩、纹样或主题等方面存在着某种联系。所有的这些图像都需要反映出有关联的信息。

选择图片的时候要考虑到流行色的因素。色彩选择会影响整个的设计过程，因此在拟建提案的时候就应当考虑色彩因素。一旦已经确定相关的色彩搭配方案，就需要考虑如何创意性地展示它们。有很多种方法可以帮助实现自己的想法，例如，将色卡纸进行剪切、用线缠绕卡纸，或者自己涂色创建色彩样本。

面料样本将使色彩图像、主题设计更趋完善，同时也需要多动脑筋考虑如何展示它们。凌乱、不整洁、边缘参差不齐的面料样本将影响基调板的美观。为此，可以将面料样本装裱起来，用小框架将其绷紧，或者用针线将其边缘缝整齐。无论是刺绣的织物还是纺织面料，都可以用同样的方法进行处理。如果希望在提案板上添加文字，最好尽可能地避免用手写。除非想要特意制造美观的手写效果，否则不规整的手写文字将使基调板看起来非常业余。可以选用电脑打印文字，或者使用刮字纸将文字转印到提案板上。接下来的步骤就是为主题提案设计具有视觉冲击力的编排版式（图 3-8），可以多画一些草图来进行不同的尝试，同时也需要考虑究竟应当选择怎样的底板与背景纸。

名为“NewLook”的图 3-9 的主题提案向我们展示的是以丰富的视觉色彩为基调的、有解构风格的时装设计理念。提案上所展示出的色彩全部限定在黄蓝色调当中，不同的图片被粘贴到提案板上，显现出一种近似三维的视觉效果。设计师所选择的面料也用别针粘贴在了背景纸上。这样，大家就能直观地了解与欣赏这块主题提案所反映出来的设计思路。

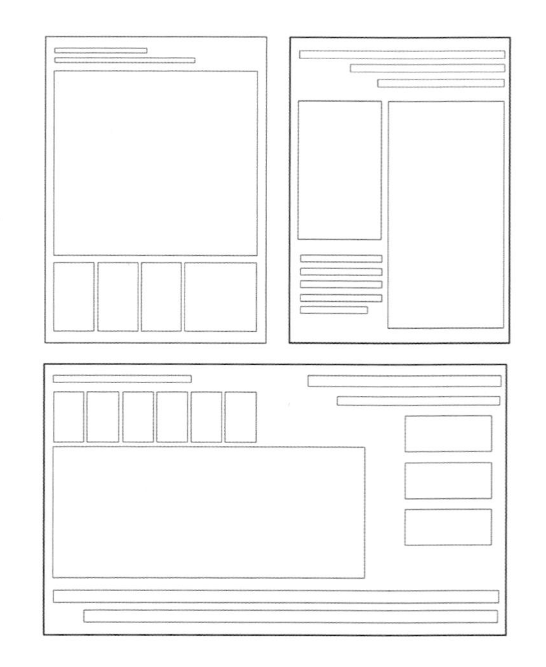

图 3-8　主题提案构图形式

图 3-9　“NewLook”主题提案

第二节　设计初稿与系列设计方案

一、研究设计主题

对于服装设计师而言，最难的是在创作之初面对着一页空白的纸张，从无到有地采集新鲜的创意，或是设法获得艺术的表现方案，这就是为什么要建立一个必备的基础知识体系的重要性，只有这样，创造性思维才能获得发展所需的养分。

在这个过程中最简单、最有效的方法是选择一个适当的主题进行探索和发展完善，这个主题可以是激发兴趣的任何事情，并且选择的主题应当能够对其进行探索的过程产生持续的吸引力。在设计之初，一种较为有效的方法便是将与主题相关的单词一一列出，这就是“头脑风暴法”。这些列出来的每个词汇都能独立激发出新的设计思路。如图 3-9 中的“NewLook”主题提案，根据这个提案用“头脑风暴发”对主题进行分析（图 3-10），可引发以“错位”为主题的更多的设计细节与思路。

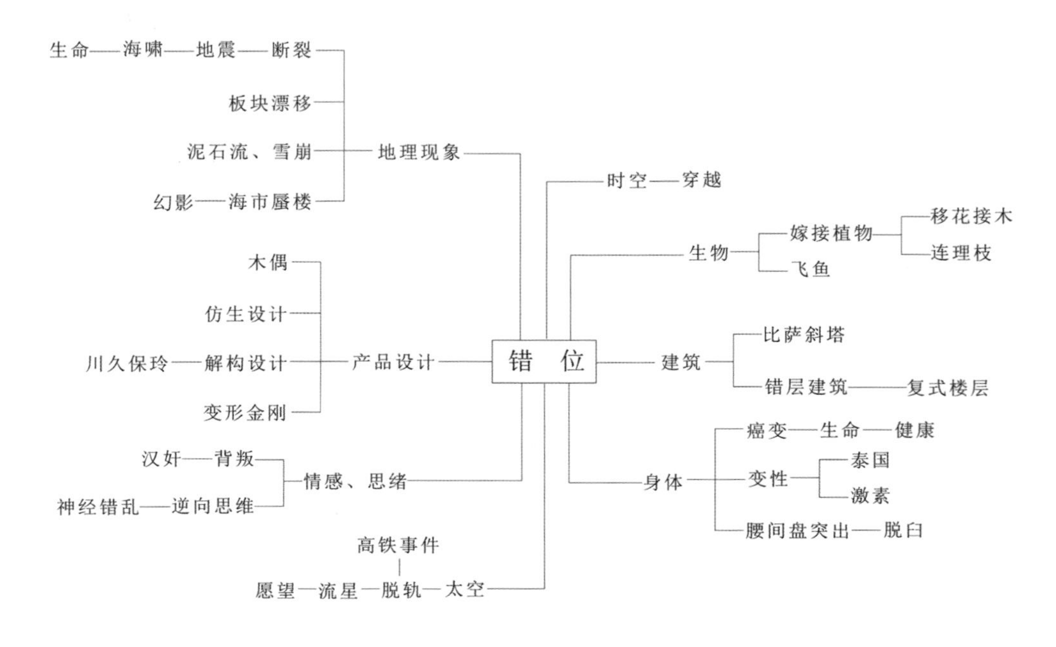

图 3-10 “错位”主题引发的头脑风暴设计拓展法

二、创作写生簿和确定草图方案

服装设计师通常会设法建立一系列相互关联的构思，而这些构思将会反映在系列化的时装作品中。虽然每一件服装都会有其独立的特点，但其彼此之间还是会通过诸如色彩、面料、造型、风格等因素而形成关联。因此，从整体的角度来看待它们时，便会发现它们具有某种贯通的共性因素。当一套完整的作品展示出来时，观众时常会好奇：设计师们到底从何处获取了如此之多的灵感？服装设计师是如何将纸面上的想法转化为光彩夺目的服装的？究竟要设计多少套服装才能算得上是一套完整的系列作品？所有的这些问题，都可以归纳为一个简单的答案——精心的思考策划。

策划，首先要做的就是建立一个详细的分类设计摘要。要弄清楚在为谁做设计，明确目标市场与顾客的具体信息。例如谁将会穿着这些衣服？他们的年龄及文化背景如何？该系列作品是为设计师品牌而设计还是为高档时装店而设计？是在设计休闲服饰还是在设计特殊场合穿着的服饰？诸如此类问题，只有搞清楚了所有这些问题的答案之后，才可以着手具体设计工作。

开始设计系列服装的时候，可以翻阅那些为寻找灵感而收集的素材，或者查看过去的速写本，都有能启发关于系列作品的思路。这些基础性的工作将为实验性的时装速写设立一个起点，即“设计初稿”，通过画纸来展现设计思路在这个阶段需要具备充分的自信，无需顾忌对错或是设计的完善性，而应当进行奔放、粗犷的速写。当然还是要对适当的人体比例谙熟于心。只有通过这种方法才最有可能在纸面上表达出独一无二的设计想法来。

有一些设计师习惯通过模板来表达自己的想法(图 3-11)，而另一部分人则喜欢在空白的纸面上直接作画(图 3-12)。设计师可以探寻最适合自己风格的表现方法。在创作设计初稿之前，应当首先想好需要使用怎样的服装面料及服饰配件。通过设计画面能够感觉到，即使是在设计初稿阶段，不同面料的不同质感就已经能明显地加以区分了。设计草图没必要采用精工细作的方式表现，同时也不需要将其视为完善的艺术作品。在这个创作阶段，人物面部以及形体的细节表现都不是最重要的，设计初稿对于整个设计过程而言只是一个辅助阶段而已。随着绘画技巧的不断进步，设计师表现出来的风格也会日益鲜明。

创作设计初稿的时候，在决定购买一种面料之前，一定要索取该面料的样品，以确定其是否适合设计构想。同时也可以选择一些面料样片粘贴到设计初稿上，这样便可以非常直观地检查什么样的面料与设计搭配最合适。在设计的过程中,还要避免将面料表现得呆板、无生气。相反，要将其视为三维体积的对象，考虑它将以怎样的方式覆盖或垂坠在人的身体上。同时，还需要将可能会添加进来的装饰因素一并考虑。例如，如果希望在织物上添加一些刺绣或是制作一些褶皱，也可以在草稿上预先做一些尝试。

在设计初稿阶段，还需要考虑与色彩有关的因素。设计师们通常会为系列服装选用一些较为单纯的调色板，以使系列中的个体彼此间相互和谐，同时也使色彩与服装的外形互相协调，最关键的是要注意，所关注的焦点应当是服装本身，而并非人物造型或其他。在这个阶段目的并不是创作出精致的时装画作品，而应当将主要的精力放在完善设计主题之上。

图 3-11　模板设计表达　　　图 3-12　直接设计表达

三、确定系列设计作品

接下来的重点就是如何将设计初稿完善成系列作品。当设计一整套作品时，会发现一些基本的设计主题能将这些单件作品联系起来。重复是创作连贯系列作品的一种有效方法。

从图 3-13 中可以看到近似的、系列化的服装是如何变化、区别的，其袖子长度、领口式样都各不相同。为了激励自己不断产生新的设计想法，可以尝试着就一个主题画出 6 种及以上不同的服装草图。例如，为一系列的服装加上不同的装饰因素。可以不断重复这种实验性的设计，直到已经拥有相当数量设计方案为止。这样便可以从中选出合适的、能够收纳到系列中的作品。对于创建系列化的设计作品而言，最简便的方法便是陈列出所有的设计初稿，从中选出那些单品设计不错、同时与其他设计方案并置时也相互协调的作品。也可以在一个系列中收纳不同类型的服装以制造一种平衡感，例如裙子、长裤、上装、外套等。如图 3-14 所示，一套完整的、可调换的系列服装，只要彼此间能搭配协调就能带来非常理想的效果。

图 3-13　系列设计表达一

图 3-14　系列设计表达二

当拥有了一整套设计方案之后，需要将它们画在同一个页面上，这样能方便将其作为一个整体加以审视。依据系列设计的尺寸，就可以通过复印机或扫描仪来缩放比例。最后使用微妙的色彩搭配，并通过背景图案来提升设计的表现力。

第三节　平面款式图的绘制与制作指示

一、平面款式图的绘制

平面款式图英文为“Hanger Illustrator”，直译过来就是“衣架插画”或“悬挂插画”，我们可以形象地把它理解为挂着的服装状态（或平铺的服装状态）。平面款式图的使用目的是让制版师、工艺师根据要求进行制版和样衣制作，要求设计师精确地绘制出设计的款式、比例、结构和工艺。因此，作为服装设计师，我们在绘制平面款式图时一定要注意准确的设计表达。服装款式图要求绘图者必须把服装交待的一清二楚，所以在绘制款式图的过程中一定要注意把握服装细节的刻画，还可以用局部放大的方法来展示服装的细节，也可以用文字说明的方法为服装款式图添加标注或说明，这样细节会更清楚。

平面款式图的主要特点是：工整准确，各个部位的形状、比例符合服装的规格尺寸；用规范、清晰的省道以及褶、皱、缝线，强调结构图中的工艺感觉；一般以单线勾勒，线条正确流畅，整洁规则，以利于服装结构的如实表达。

如果需要详细说明服装的结构细节，有多种绘制平面图的方式来实现这一目的。一般都是用二维平面的方式来分析、图解服装结构的，从专业技术的角度展现服装的正面、背面与侧面。它们当然也会客观地呈现衣服上的缝线、装饰以及口袋。这种平面化的图解通常会与时装插画搭配出现，使观者在感受、欣赏时装的视觉表现力之余还能从客观的角度理解它们是如何制成的。没有这些结构图解的存在，大家将很难猜想一套服装是通过怎样的方式形成最终效果的。有一部分设计师会从绘制平面结构图的方法入手，展开他们的系列设计方案，图 3-15 向我们展示了以青花瓷为设计主题的一个系列服装设计。

图 3-15　平面款式图

平面结构图的绘制应当干净、清晰、准确。这种以精准为标准的绘制方式或许不大适合那些喜欢运用自由奔放的线条来绘画的人。设计师可以从自己的衣柜中选择衣物来练习这种表现方式，当然也可从自己日积月累的设计草图中搜寻资料。通过练习，会使设计师对服装的结构有更深刻的认识。衣服上复杂的细节与结构尤其值得被关注：如衣领的翻边、褶皱、口袋及特殊裁剪的袖子等。通常，绘制平面图最简单的方法便是用铅笔画出服装的底稿，然后用黑色墨水勾线来完成正稿。为了实现这个目标，你需要事先准备一套笔尖粗细、型号不同的勾线笔。你可以用最粗的笔来勾勒服装的外部轮廓，用中等粗细的笔来绘制服装的基本结构，用最细的笔强调服装的细节。如图 3-16 所示，这幅平面结构图即是用这种方式来完成的。在正面与背面展示图上都能清晰地看到衣服上的缝边及双缝线。一个近距离的特写展示了衣领的细部结构以及肩部的廓形和装饰纹样。请注意，对这件衣服的绘制采用了真实的人体比例。对于平面结构图而言，精准地展现比例关系是至关重要的，夸张则是不必要的。

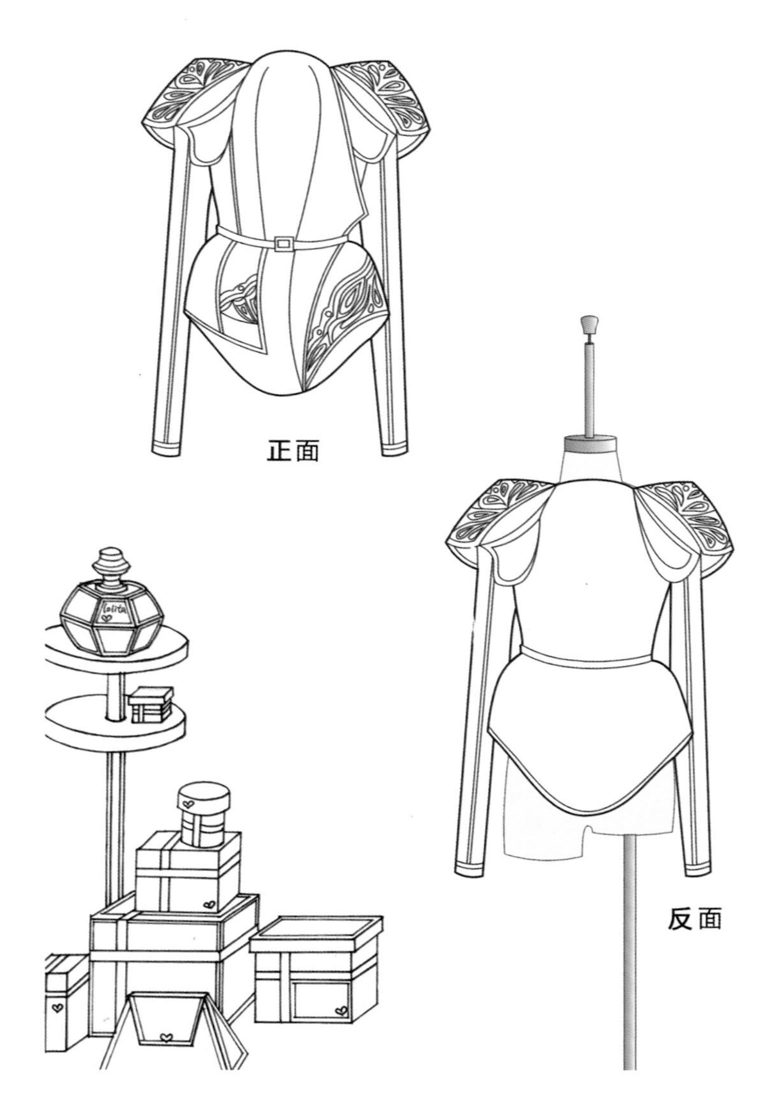

图 3-16　平面结构图

二、服装款式图的规格与制作指示

在工业以及商业运作的环境中，平面结构图会以更加详细、精确的方式来表现服装的各个组成部分，也就是通常所说的图表方式。在这种情况下，服装上的每一个结构都会详细呈现，单位精确到毫米。图表上也会标注准确的测量尺寸，与那些裁切线、装饰、线迹、融合以及加固的部分等所有的细节一起展示出来。适用于工厂生产的专业服装工艺流程图表（图 3-17）甚至还会标示出口袋、扣眼、腰头等更为详尽的细节。通过一张记录着详细细节的图表，技术工人便可以顺畅地制作出服装实物来。如果仅仅以时装插画为依据，技术工人几乎无法完成制作工作。如果他们对照服装效果图想象服装的关键结构，制作出的服装有可能会与设计师的想法大相径庭。而最详细的图表则可以最大限度地降低制作过程中错误的发生率。精细的平面图（图 3-18）能帮助看图者更好地理解服装的结构。

xxx有限公司

生产制造通知单

客户:	xxxxxxx	客户款号:	xxxxx	款式:	男装直筒长裤
数量:	465	洗水方法:	跟版	走货日期:	xxxx/xx/xx
主面料:	KA866-D-PW	辅面料:	/	袋布:	133X72防缩
绣花:	左右前袋口/右后袋/右袋贴	印花:	/	其它:	/

细码分配

码数	27	28	29	30	30L	31	32	33	34	34L	35	36	36L	37	38	39	40	42	合计
合同数量		7	34	52		67	67	66	65		49	33			22		3		465

请严格按以上数量裁剪，不能超过3%，注意布料的批号与缸差，保证裁剪质量

车间物料用量&用法			包装物料用量&用法		
名称	型号/数量	位置	名称	型号/数量	位置
面线	9388/606	全件裤身	工字钮	客供	深克叻钮前中X1
底线	9388/604	全件裤身	撞钉	客供	深克叻钉X5，位置跟板
打边线	9388	跟版	五金	/	/
打枣线	9388	跟版	鸡眼	/	/
凤眼线	9388	跟版	皮牌	客供	两边车于右侧绊往后中1.5CM
装饰拉链	Y169-5白铜杏仁头	左右后袋X2	腰卡	/	/
主唛	客供	配色线四边车于内裤头中间	主吊牌	客供	X1
洗水唛	客供	穿起计车于左前幅中间	副吊牌	客供	X1
烟治唛	/	/	合格证	客供	X1
旗唛	/	/	胶袋	客供	X1
前中拉链:	Y560	前中X1	其它	/	/

作工艺说明(平车每英寸9针，及骨每英寸1

前幅：右前袋贴车1/4双线装饰线，1/4双线环口拉表袋口，1/4双线装表袋延伸至裤头内，前袋底运反面间1/4单线，1/16单线拉左右前袋口，1/4双线运1 5/8宽钮牌实样线，钮牌边间边线，前小浪三线及骨面间1/4双线。

后幅：后机头埋夹面间1/4双线(裤身包机头)，后浪埋夹面间1/4双线(左包右)，左右后袋三尖破骨面间1/4双线做后袋，左右后袋落拉链上下面间1/4双线(具体跟板)．1/16单线装左右后袋．左右后袋口垫胶纸。

侧骨：五线比骨面间8寸长短脾骨于后幅，线尾各打一竖枣。

底浪：五线底浪面间1/4双线于前幅。

裤头：上下1/16单线专机拉1 3/4”宽双层斜纹裤头，上裤头封嘴做包嘴.

脚口：脚口还口1/2″单线

凤眼：前中X1，下刀位3/4”。

耳仔：机拉1/2″耳仔*2个．3/4″耳仔*5个.

打枣：钮牌X2，后袋X6，脾骨X2，耳仔X14，共24粒。

前中拉链:27-30用5、31-34用5-1/2″、35-42用6 ″

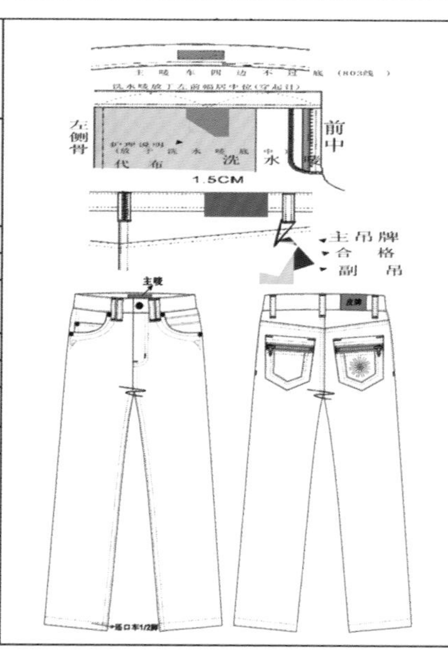

尾部包装说明

牛仔式包骨平烫，右后耳仔挂吊牌一套，以合格证为面，垫拷贝纸后三折入袋露出吊牌，单色单码十件一捆入箱，不够一箱可单色混码装箱。

备注:1．封嘴不可有高低、子口反光、间线落坑等现象2．后包装不可有错码、烂洞、走纱等现象。

跟单:xxx	审核:xxx	日期:xxxx/xx/xx

图 3-17 服装工艺流程图

图 3-18 平面图制作指示

第四节 服装设计展示

一、服装设计表达的立体感表现

服装设计表达的魅力因素是指在服装的自身表达之外，可以用来渲染气氛、增加美感和增强作品感染力的因素。在服装设计的表达创作过程中，这样的因素很多，通常的实现手法是利用风格、构图和背景进行进一步的展示，本书选择其中最为重常见的一些方法进行解释说明。

服装设计表达无论是使用电脑绘画软件还是用绘画工具来绘制，道理是一样的，不论什么效果都在于技巧。关于表现时装画立体感的技巧，方法有很多。第一，运用线的快慢节奏，线的轻重变化能画出具有立体感的视觉效果。第二，通过色彩平涂，运用服装肌理和衣褶形成的色彩明暗的变化，使用有光线照射的效果来绘制时装画。第三，借用虚实画技法，在时装画绘画中明确主题，抓住重点，虚化次要部分，这样也是具有立体感效果的一种。就像中国画一样，即便是一种水墨山水，只要用线、用墨虚实有度，就同样具有立体的空间视觉效果。

二、服装设计图稿的背景处理

服装设计表达的形式与内容是无法分离的有机整体。设计表达中虽然服装和人体是最主要的，但服装设计图中的背景和环境的描绘在烘托主题和渲染气氛，表现服装穿着的时间、场合、活动背景和生活格调、穿着品位方面，其作用是巨大的。

服装设计表达完美和谐的标准，是将服装与人形成的整体美和环境的协调性统一成为一个和谐的整体。背景和环境的描绘，要做到手法相似，层次整体，既统一而又有变化，以免表现不充分或喧宾夺主。

1. 写实背景

写实背景具有完整的形状和细致的纹理，明度、纯度较低，体量感厚重，以起到凝聚视线的作用，如图 3-19 所示。

2. 洁净式背景

洁净式背景是指画面不作任何处理，没有丝毫杂质，达到纯净的极致，服装主体因强烈对比而更加突出，见图 3-20。

图 3-19　写实背景

图 3-20 洁净式背景

3. 边缘式背景

边缘式背景是指在主体边缘用色线描出边缘，可以使轮廓更加有力，服装主体得到加强，如图 3-21 所示。

4. 分割式背景

分割式背景是指将完整的背景空间根据需要分割成为独立的小块，起到丰富肌理、集中视线的作用，如图 3-22 所示。

图 3-21 边缘式背景

图 3-22 分割式背景

5. 情景式背景

情景式背景是指将图像、文字、线条、块面等一切视觉因素有机地结合成整体以烘托和深化服装主体，即将灵感意想、穿着环境、道具、配件融合到服装主体中，以期更全面地诠释服装的内涵，见图 3-23。

6. 满地式背景

满地式背景是指背景中运用最简单的单色背景，简洁大气，类似于使用有色底纹纸。当然，也有在满地式背景中制造各种肌理来追求丰富的效果，或使用完整底图或图片、色块拼接使画面统一在一个色调里，见图 3-24。

图 3-23　情景式背景

图 3-24　满地式背景

7. 窗式背景

窗式背景是指背景中有一个相对的色块或边框，通过改造其形状、色调、底纹获得复杂的变化形式。服装主体置于窗式背景之前，形成主体的内外或扶持的感觉，如同依窗而立或破窗而出，增加了画面的空间和层次感，见图 3-25。

在服装设计表达的过程中，应当时刻发挥自己的想象力。要知道，有许多种方法可以用来充实空白的背景。这样可以为最终完成的作品制造出一种生动、鲜活的氛围。人物的造型与姿势为整个系列奠定了轻松、随意的风格基调。服装的正面结构也通过小型的图表得以展示。当然，也别忘了展示服装的背面结构及所有与服装设计表达相关的细节。无论何时，它们都将从不同的侧面反映设计师的专业设计水平。一幅以推销某套设计服装为目的服装效果图，应当通过清晰的版面设计为大家提供完备、准确的服装信息——这幅作品就是一个典型的优秀范例。

当在服装行业中担任设计师工作时，将会为各种各样的产品提供不同的表现方式。如果掌握了某种特殊的表达方式并持之以恒地使用它，用不了多久便会在工作中脱颖而出。当然，在工作的过程中还需要保持相应的灵活度与适应能力。

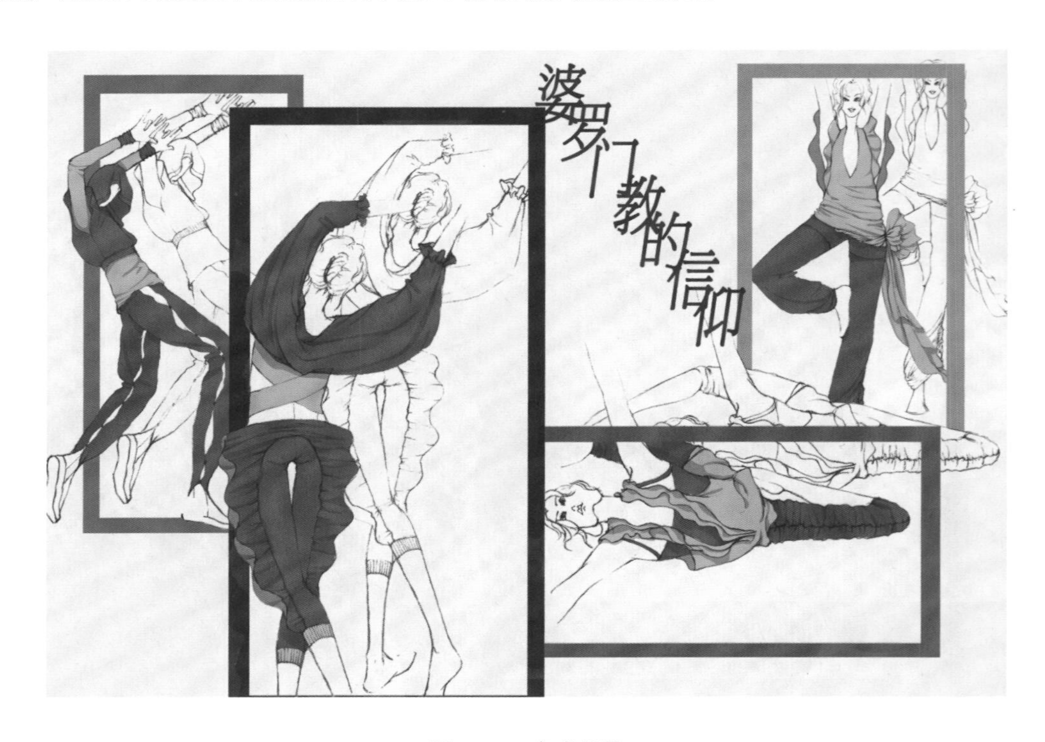

图 3-25　窗式背景

思考与练习

1. 制作一本调研手册，学会收集身边有用的设计素材和流行资讯。

2. 结合流行趋势，确定一个设计主题并制作出相应题案，并围绕这个主题创建写生簿（6~8 款）。

3. 在之前的设计图稿中选出一款服装，制作出相符合的背景来完成服装设计表达，并绘制与之相对应的平面款式图。

第四章 服装设计表达的风格和手法

课题名称：服装设计表达的风格与手法

课题内容：服装设计表达的风格

服装风格的艺术表达手法

如何表现风格

课题时间：2 课时

教学方式：图片、多媒体讲授、课堂实践

教学目的：1. 通过对服装设计表达的风格分析与实例展示，让学生了解服装设计表达的魅力所在，并在绘制表达服装设计时关注这些因素；

2. 使学生能独立完成不同风格主题的服装设计表达；

3. 使学生了解服装设计表达风格中常用的表现素材。

课前准备：准备资料，选择适当主题吸引学生进行创作

虽然服装的款式、色彩以及与人体的关系是服装设计表达的重点，但是作为一幅完整的艺术作品，除了要表现客观对象外，设计师的主观情绪和设计观念的表达也是必不可少的。一般来说，一种新风格的确立一定是出自独具匠心的取材与选题，并通过与众不同的构图方式、造型特色和设计倾向来传达，也必然伴随着独特的材料技法。

第一节　服装设计表达的风格

服装设计表达的个人风格是设计师在长期的练习和创作实践中，持续使用某些形式，领会其精奥，创造性地发挥其特长，从而形成独具个人特色的完整、成系列的设计表现方式。

服装设计表达风格包含两层含义：第一，风格的确立及成熟与否，是衡量一个创作者时装画水平高低的重要标准；第二，设计师在实际工作中，时间宝贵，必须用最擅长的方法去表现设计，而且要简洁实用。

在实际过程中，即使拥有新颖的题材、娴熟的绘画技巧，也不足以保证设计作品的风格就能令人印象深刻。通常情况下，只有作品的内容和形式合乎某种基本相通的共识时，

才会引起共鸣，进而得到解读和欣赏。因此，当设计作品中的线条、色彩与构图形式的组合遵循一定的形式规律进行安排时，个人的表达风格才会在其中展现。这种规律可以是创作元素的对称与平衡形成的稳定、庄重、有序、安宁的画面效果；可以是设计元素形状、大小、色彩、组合方式方面存在的和谐与对比；可以是画面线条或者服装本身的整体与局部以及局部之间数量的比例关系；也可以是服装面料纹样、装饰材料、服饰配件、缝纫线迹表达出来的节奏与韵律感。

要使服装设计表达具有一定的风格还需要激发设计师的创造力。这里的创造力指的是产生新的思想、拥有新的发现和创造新的事物的能力。在服装设计表达过程中，创造力不是凭空而至，它需要设计师在人格特质、个人经验、环境因素等方面不断进行点滴积累。

首先，由于设计师的风格受地域、国家、民族、时代精神、个人经历等多个层面因素的影响。其次，承载着设计观念的设计作品，代表着设计师创造事物的一种意识以及在这种意识下延展出来的构思和想法，所传达的信息也必须存在一定的逻辑性，因此在理论的分析和梳理下有选择地使用设计题材、工具和技巧。最后，设计师还需要有开拓未知领域的勇气，避免在情感或认识上陷入一种固有的模式，特别是那些已经形成个人作品风格的设计师。

第二节　服装设计表达手法

一、写实表现法

写实表现法多以事实照片或实物为蓝本，详细刻画服装与人的气质精神面貌有关的细节特征，甚至微小的结构变化和光影变化都表达清楚。线条细致丰富，用笔用色讲究仿真，不求潇洒。画面真实感强，影调过渡自然，素描关系甚至比真实情况更具代表性，充满理想主义的完美。写实风格最典型的特点——逼真。不过效率较低，制作周期长，完成一幅作品要耗费大量时间，所以实际应用不多（图 4-1）。通常，写实表现最常用的技法是明暗素描与线描。

1. 明暗素描

用单色来表现形象的绘画称为素描，如铅笔画、钢笔画、木炭画和水墨画等。素描写生能够培养和提高正确观察、认识、表现客观对象的能力。明暗素描所用工具简单，表现力强，除了服装配色方面的色相难以表现以外，其余的主要设计因素，如款式造型、总体结构与局部结构、面料质感等，均能够表达出来（图 4-2）。

图 4-1　写实表现法

因此，明暗素描受到国内外服装设计师的普遍青睐。

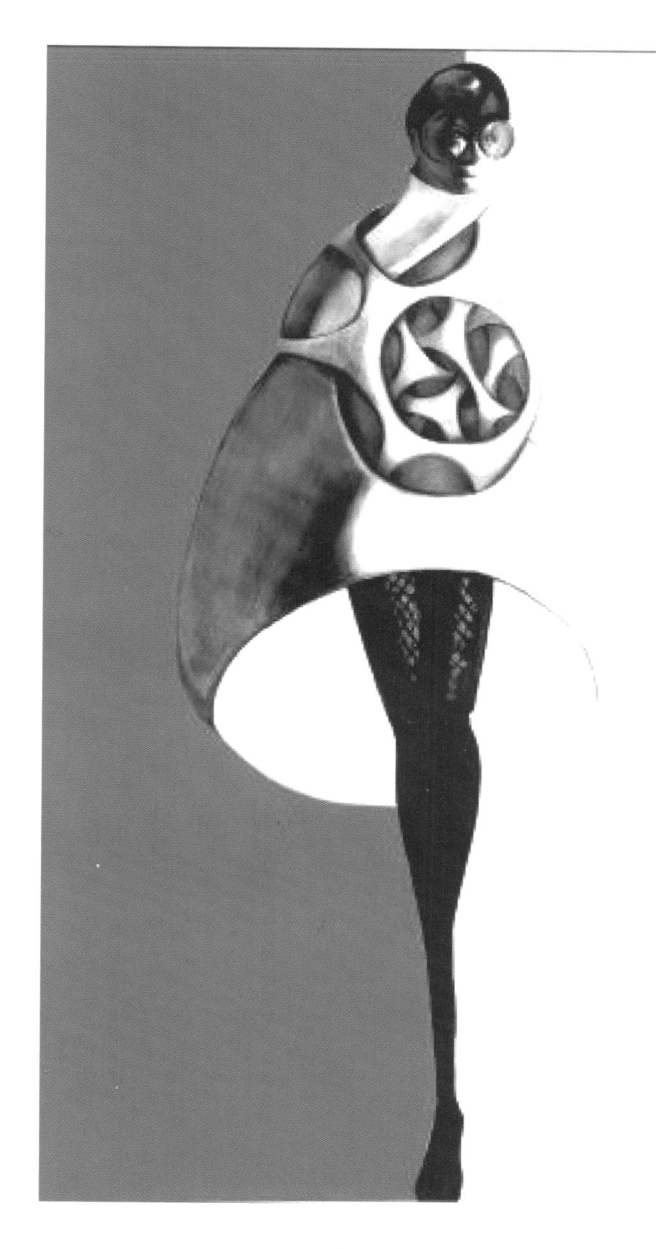

图 4-2　明暗素描表现

2. 线描

线是面的透视压缩，线描中的线是人们通过对物体的观察、感受、判断得来的。线描的特点是舍弃了非本质的光色，突出对象的结构，使线成为表达作者感情的语言。首先，用轻轻的线条画出对象的大体轮廓比例。其次，根据结构和透视，画出对象各组成部分的形体轮廓线。最后，为突出重点，加重结构关键部位的线的深度，减弱某些次要的部位，所以线描组成的画面，具有对象的质感、量感和整体的艺术效果。

二、写意表现法

写意表现法大量使用简化手法，在有限的时间内把握对象的主要特征，从自然形态中提炼出主干的、重要的线条，完成对服装对象的描绘（图 4-3）。这种风格的作品目的明确，中心突出，效率很高。写意表现法最典型的特点——生动。因为它快捷方便的优点，实际使用非常广泛。写意的表现方法能表现出服装的韵味和特殊的着装气氛。

图 4-3 写意表现法

三、装饰表现法

装饰风格与写实、省略、夸张风格一样，是艺术再现着装人体的一种表现风格。其源于写实，又高于写实，是对具体形象加以主观审美的提炼和概括（图 4-4）。

学习用装饰风格表现服装时，可从改变具象着手，先保持构图形态不变，内部结构与细节用点、线、面予以修饰。此时应注意点、线、面的合理布局，主次运用，做到错落有致、刚柔并济。

图 4-4 装饰表现法

四、省略表现法

省略风格是以最简练的笔触线条显示所设计服装的主要款式特征。省略表现法在瞬间把握服装对象的气势和标志特征，不求形似，通常忽略主体之外的细节，来达到突出神韵的目的。如服装细节及手足口鼻都被大量舍弃，甚至将模特的头部简化只剩一个点。省略风格最典型的特点——轻灵。省略风格夸张变形力度大，艺术性强。这是深受设计师喜爱的一种风格，对于记录灵感、拓展思维有很好的实际效果，常常是设计的初始和草图的前奏 (图 4−5)。

图 4−5　省略表现法

1. 人体部位的省略

可省略的部位有五官，如鼻子省略只画一简单的直线来表现。眼睛则可以双眼均省略，也可以省略其一；如果画眼可省略嘴；如果画了嘴可省略眼睛；也可都省略。此外，人的头发也可以采用省略画法，用简练的线条，画出头发的大轮廓与动态感，用线强弱相间，一般在主要的发束与波浪的暗部，用线较为强调，其他则用较少的弱线条。画头发用线的强弱、单纯、粗犷、飘逸等程度要结合服装的特点来表现。由于头部轮廓是人的重点，因此省略较为讲究，必须在省略后取得人体与服装的整体平衡、和谐与呼应，最后得到自然、均衡和舒适的画面及设计效果 (图 4-6)。

图 4-6　人体局部省略表现法

其他部位同样也可以省略和简化，手和足均可进行简化处理，臂和腿可省略地只用一条动态线来表示。但必须明确动态并取得自然生动的效果。所画线条，应简洁到位。人体结构的主要部位应力求简练而正确。

2. 服装的省略

除服装款式的要点需要明确表示以外，服装的衣纹、图案等都可以部分省略，但省略不等于粗略，在整体上还应给人以完整的感觉。省略画法的优点和特征是在极短的时间内有效表示出自己设计的总体思路。有时省略画法往往比完整画法更为生动，它能够节约作画时间，常作构思图与插图之用 (图 4-7)。

图 4-7　服装的省略

五、夸张表现法

夸张表现法多以变形的手法突出个性，通常放弃对服装和人物的合理描绘，追求怪异的、突破常规的视觉画面，特别注重新奇气氛的营造及绘画者情绪的宣泄，充满思想和情感之美。夸张表现法的最典型特征——新异，用突破常理的概念表达个性，沟通性相对较差，需要具有相同认识的接受者的共鸣。

作为以实用为主，兼供欣赏的作品，它的夸张是在大体的客观实体存在的前提下进行的，所以，它的夸张不能只凭作者的主观意念，而始终是具体的、局部的。不能损及均衡、比例、谐调等美的法则，在服装设计表达中，人体夸张的部位大多在腰部以下，最常用的方法是夸张腿和手臂的长度。在夸张人体局部时，要注意渲染重点，强调款式特点，烘托款式的特征，同时也使画面更为新颖动人。

1. 发型和头部的夸张

一般根据发型的特点进行夸张，如长发可夸张得更长；直发可用直线表现；卷发可以不规律的弧线并夸张其面积等。眼睛可以根据服装款式的特点和人物性格及表情来变形，有时可画大而圆的眼睛，有时可画成细而长的眼睛。睫毛可以作装饰性的夸张。嘴也可以根据服装款式、人物性格及表情的设计，来变形夸张成或大或小，或薄或厚的嘴型。头部有时也可为表现其圆形而夸张得更圆。变形的形式多种多样，但应取得各部分之间的统一协调，并力求画面具有趣味性 (图 4-8)。

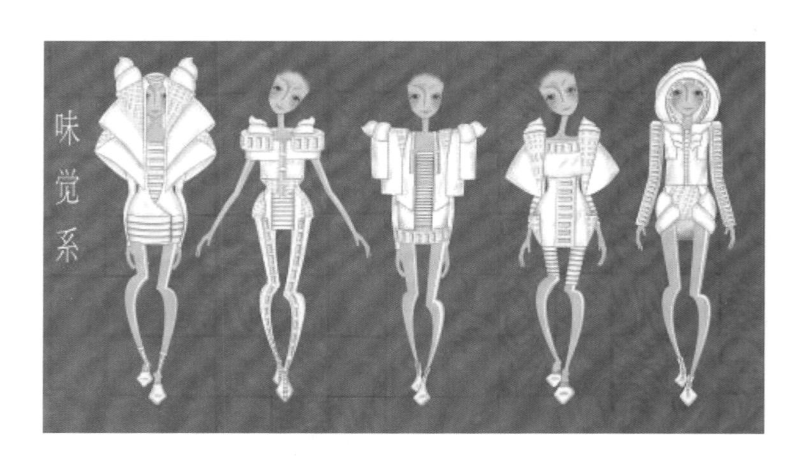

图 4-8 发型和头部的夸张

2. 颈肩部的夸张

根据人们的审美习惯，女性的颈部可夸张成细长柔软的形态；男性的颈部可夸张得更加粗壮结实。肩部根据款式的特殊需要可不受人的生理特征限制。在表现上装款式的倒梯形时，可夸张人物的肩部，有时可将肩部加宽到 3 ～ 4 个头长等，用这种方法形成的独特的外形效果醒目而突出，使观赏者能够较快得到对设计的深刻印象，达到广告宣传的效果 (图 4-9)。

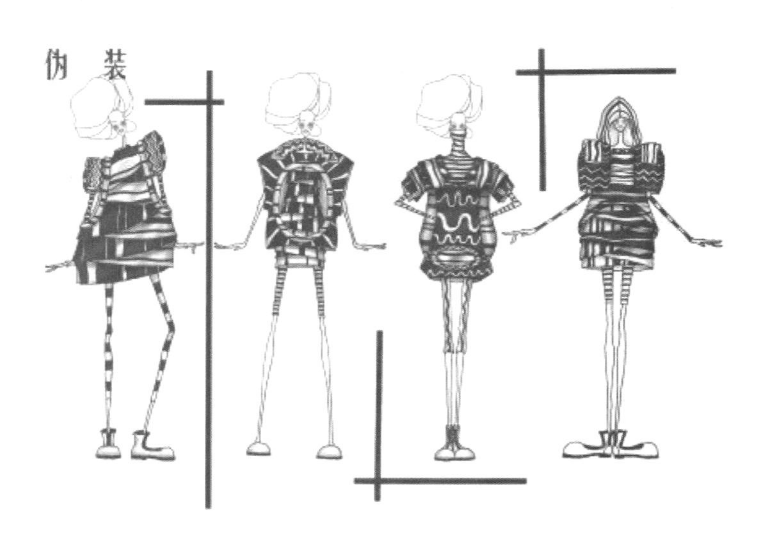

图 4-9 颈肩部的夸张

3. 腿部的夸张

不论男性、女性，修长的腿部是夸张的重点。如表现长裙或某些服装如晚礼服、婚礼服时，可夸张腿的长度，甚至可将腿部加长到 5 ～ 6 个头的长度。这样可使长裙飘逸着地，体现出服装款式的特点 (图 4–10)。

图 4–10 腿部的夸张

思考与练习

请尝试用两种以上不同风格表达同一款设计作品。

第五章 平面款式图的绘制及细节表现

课题名称：平面款式图的绘制及细节表现

课题内容：女装平面款式图及细节表现

男装平面款式图及细节表现

课题时间：8课时

教学方式：图片、多媒体讲授、课堂练习

教学目的：1. 了解服装的款式结构。

2. 使学生学会针对自己的设计绘制出正确的服装平面款式图。

课前准备：1. 三件不同款式的服装；

2. 各种款式图的绘制方法；

3. 初步了解服装的工艺结构。

在服装设计的环节中，服装平面款式图的作用介于服装效果图与服装制版图之间。一般都是和服装效果图配合使用，通过它来更准确地表现服装的款式图和细节。只有了解和掌握服装设计造型及工艺基础，才能绘制出准确的平面款式图。

第一节 女装平面款式图及细节表现

一、女士衬衫

衬衫为现代服装中的基本服饰之一，在设计衬衫结构的时候，通常以领形、领线、前门襟、袖口、袖形、下摆等主要部位的变化来达到款式设计的目的和效果（图5-1～图5-3）。

图 5-1 女士衬衫效果图

图 5-2 女士衬衫

款式图

款式细节

款式的变化和延伸

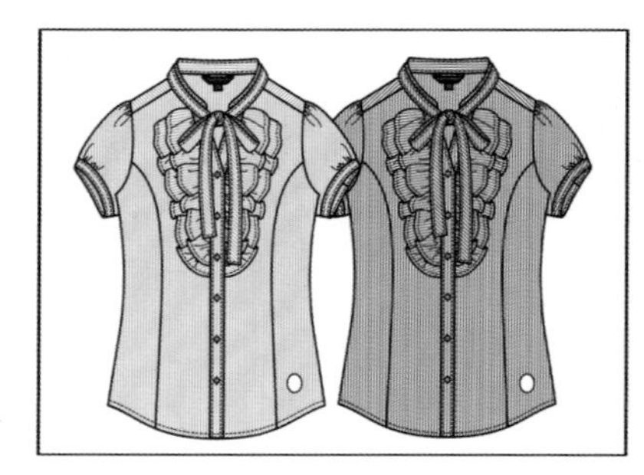

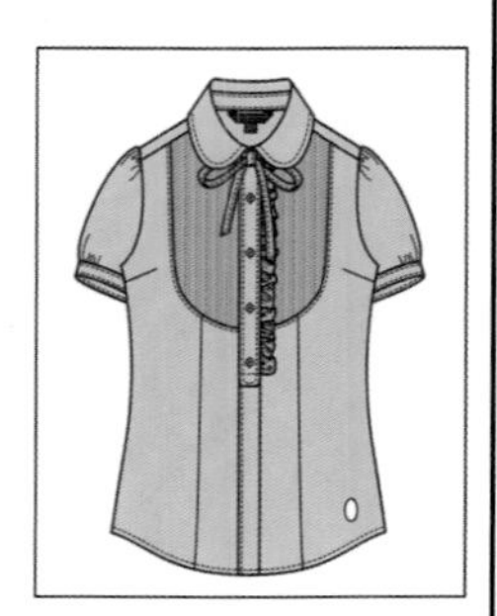

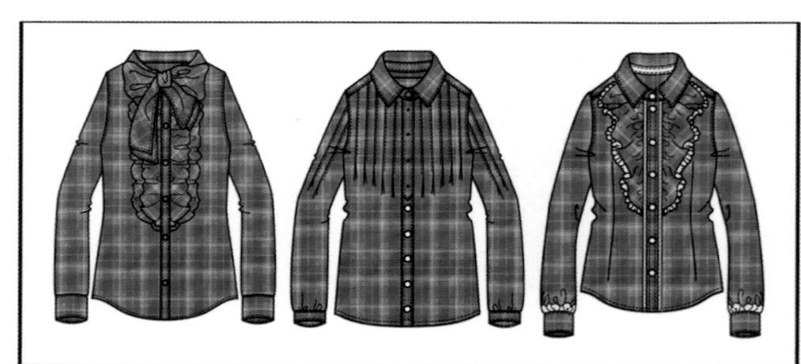

图 5-3　女士衬衫平面款式图

二、女士上衣外套

源于近代男装的女士上装，在款式和工艺上都具有更多的风格变化和设计元素，并随着时代的发展不断拓展着设计的领域。

女士上衣外套相对衬衫来说面料会厚一些，所以绘制时要注意外轮廓可以用粗一些的笔绘制，要依据织物的厚薄来处理翻折处（图 5-4 ~图 5-6）。

图 5-4 女士上衣效果图

图 5-5 女士上衣

款式图

款式细节

款式的变化和延伸

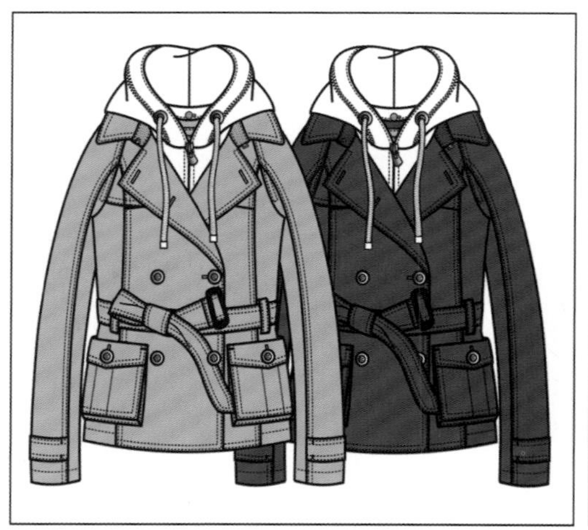

图 5-6 女士上衣平面款式图

三、女士毛衣

毛衣的审美设计是建立在功能性上的，在进行毛衣款式图的绘制的时候要注意毛衣是根据编织方法、针法不同产生的很多花样的，在绘制编织品时应注意针法的走势，在绘制编织图案时也要注意它是在哪种针法下形成的图案，然后顺着编织针法的走势绘制图案，当衣身大面积是平针时可以采取省略法，但是要配以文字说明(图5-7 ~图5-9)。

图5-7　女士毛衣效果图

图5-8　女士毛衣

款式图

款式细节

款式的变化和延伸

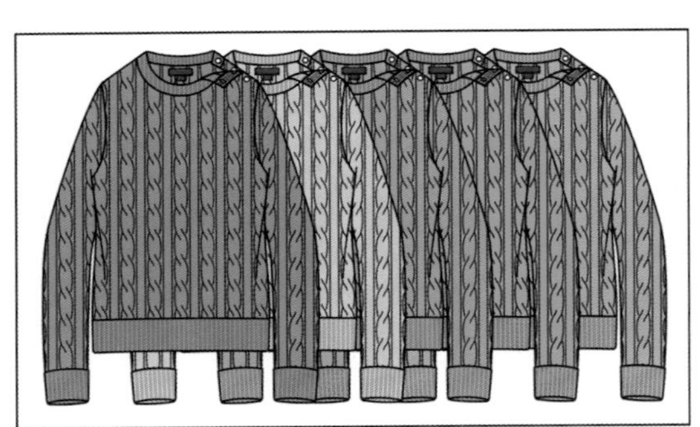

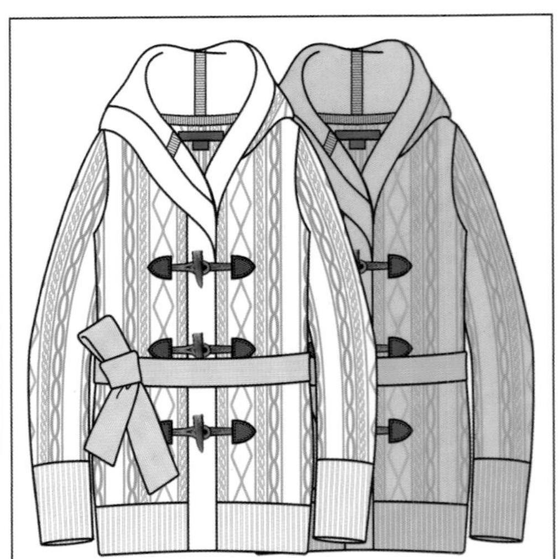

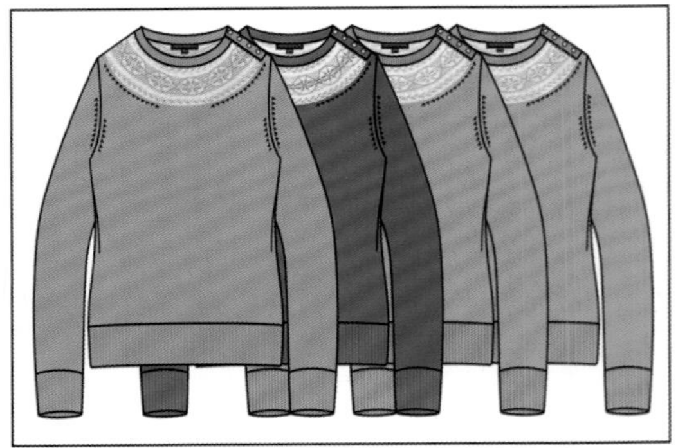

图 5-9　女士毛衣平面款式图

四、连衣裙

衣纹是由于人体的结构和人体运动而产生的，如肋下、肘部、腰膝、裤脚、袖口、衣服下摆等地方的褶纹，多且有规律地反复出现。在绘制连衣裙时要注意衣褶的处理，底摆的线条要自然流畅，绘制褶线时要明确流畅，符合衣纹的自然状态，就是所有的褶都应该是由某一点或某一条线发出的。

连衣裙的特点在于领口和裙腰的设计以及褶裥的处理(图 5-10 ～图 5-12)。

图 5-10　连衣裙效果图

图 5-11　连衣裙

款式图

款式细节

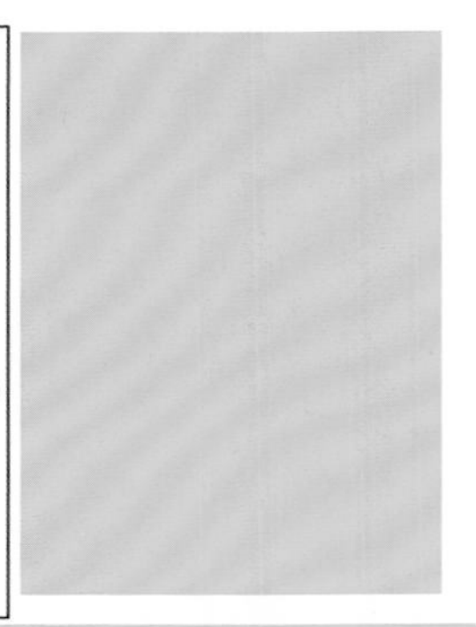

款式的变化和延伸

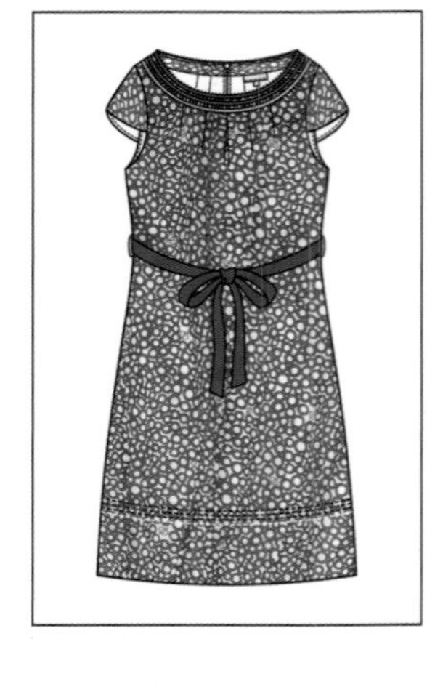

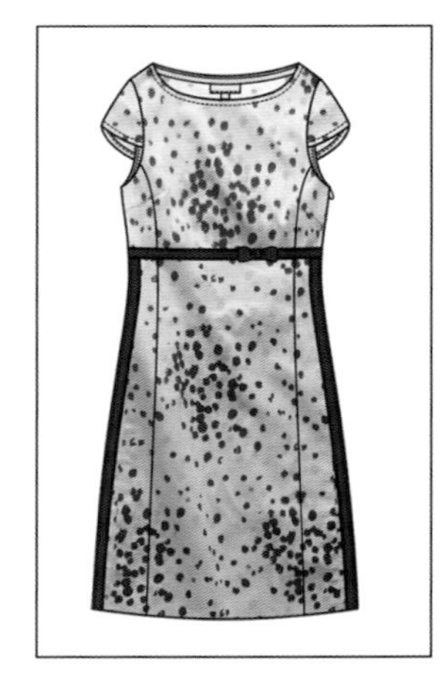

图 5-12 连衣裙平面款式图

五、女士大衣

大衣最早是一种功能性服装，在时代的发展中又被注入许多新的元素，在结合了实用性和审美性的双重功能后，已成为经典的必备服饰之一，其造型大气、简洁。

在进行女士大衣款式图的绘制时，如果用线描法，则用笔要刚劲挺直，轮廓线粗壮有力，少勾衣褶，同时要详细绘制工艺细节 (图 5-13 ~图 5-15)。

图 5-13　女士大衣效果图

图 5-14　女士大衣

款式图

款式细节

款式的变化和延伸

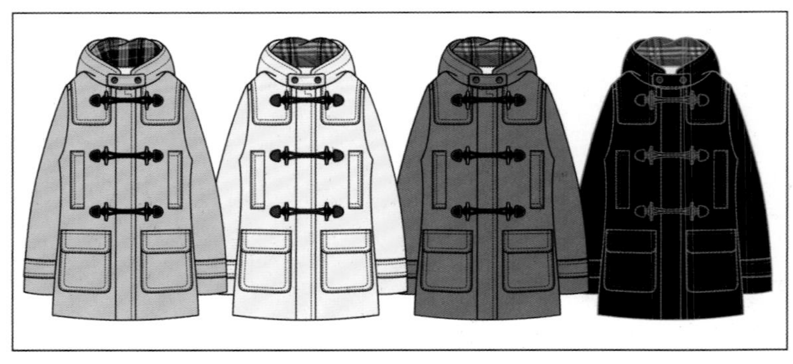

图 5-15 女士大衣平面款式图

第二节　男装平面款式图及细节表现

一、男士西服

相对于女装来说，男装款式变化较少，但是在细节变化上也会随潮流不断演变。

男士西服的廓型变化相对较少，主要是以结构线设计、门襟设计为主。绘制的时候可以统一廓型，然后在内部细节上进行绘制 (图 5-16 ~图 5-18)。

图 5-16　男士西服效果图

图 5-17　男士西服

款式图

款 式 细 节

款式的变化和延伸

图 5-18 男士西服平面款式图

二、男士针织外套

男士针织外套大多有毛衣质感，多以开衫为主，款式较简单。

男士针织面料虽有厚薄，但都有柔软的印象，绘制时要注意轻柔感的表现。另外像类似螺纹口的细节，也要表现清楚 (图 5-19 ~图 5-21)。

图 5-19 男士针织外套效果图

图 5-20 男士针织外套

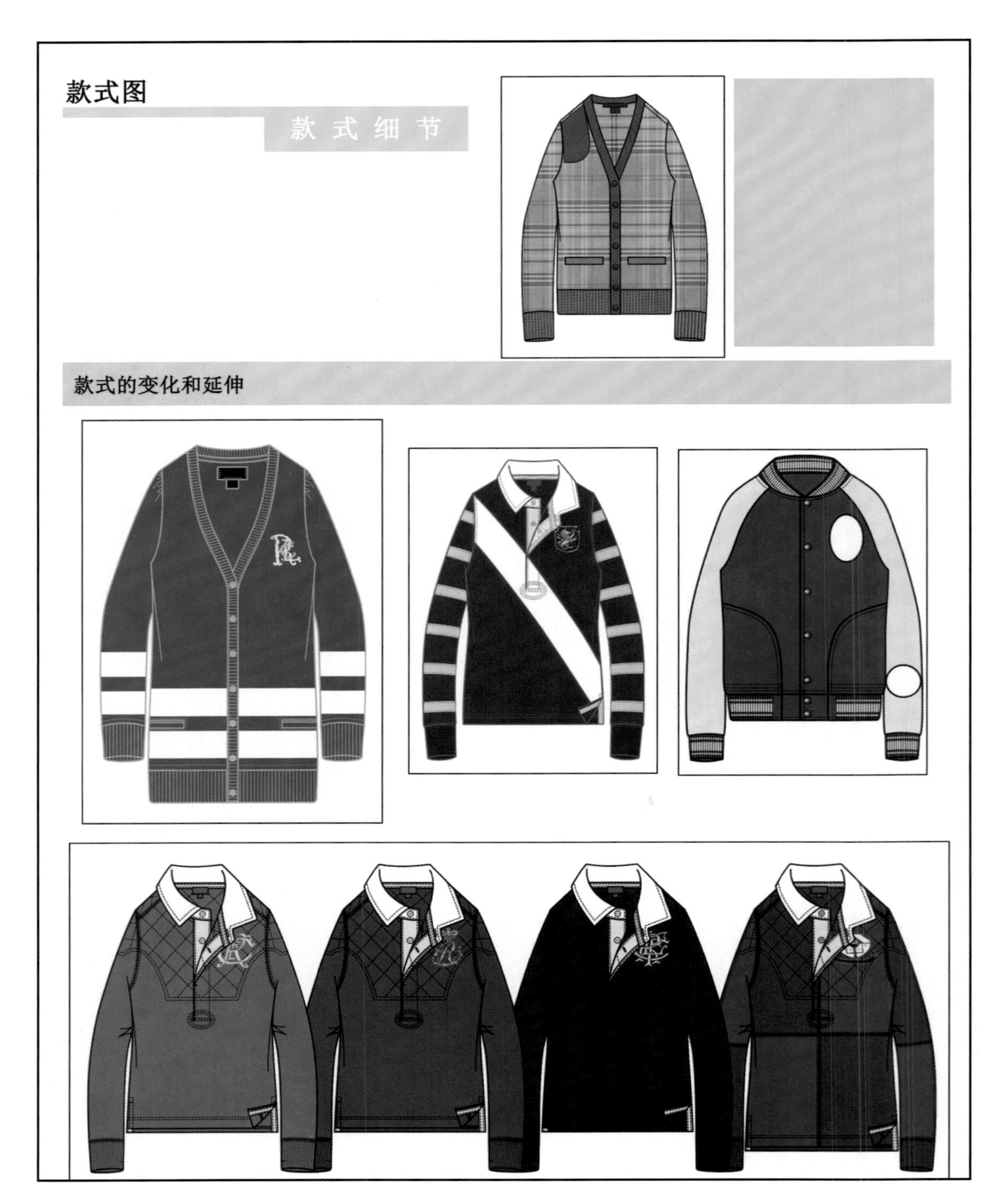

图 5-21 男士针织外套平面款式图

三、男士马甲

马甲的款式特征是衣身较短、紧身、无领、无袖。由于它来源于西服三件套，所以又称西服背心，一般作为室内活动的装束之一。

男士马甲的廓型变化不大，主要是内部结构的变化，所以绘制时可以用一些挺括的线条 (图 5-22 ~图 5-24)。

图 5-22 男士马甲效果图

图 5-23 男士马甲

款式图

款 式 细 节

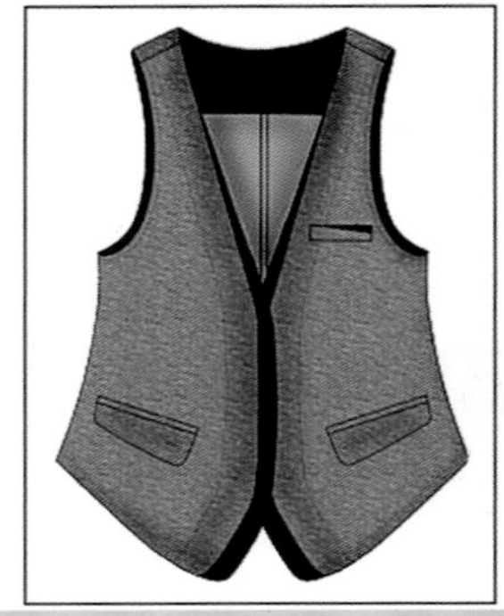

款式的变化和延伸

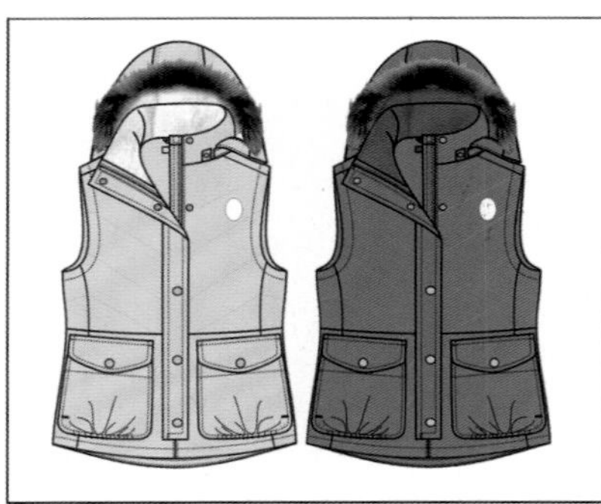

图 5-24 男士马甲平面款式图

四、男士夹克

夹克是男女短上装的总称,是现代生活中最常见的一种服装,造型多变,穿着轻便、自然。

在绘制男士夹克的平面款式图时，根据不同夹克类型，注意其整体造型以及口袋、拉链等各个部位的设计，在表现袖口的设计时可以将一条袖子画成翻折的，以便更好地展示设计细节 (图 5-25 ~图 5-27)。

图 5-25 男士夹克效果图

图 5-26 男士夹克

款式图

款式细节

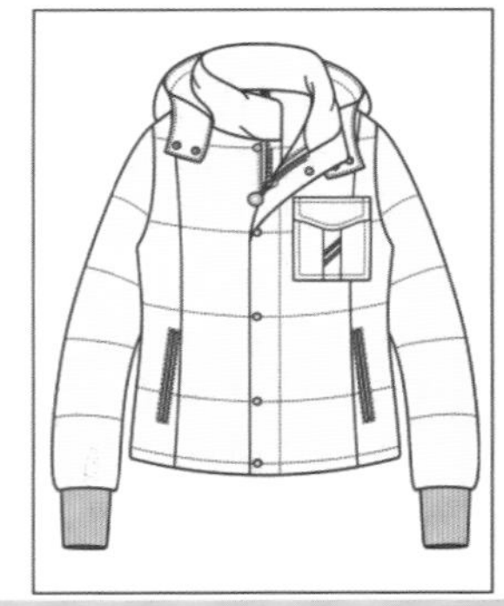

款式的变化和延伸

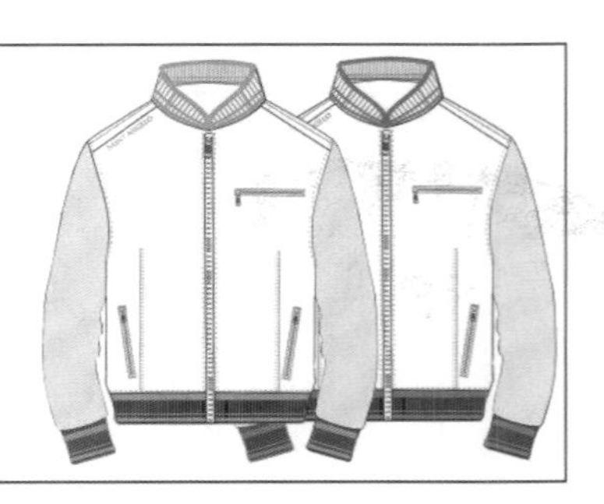

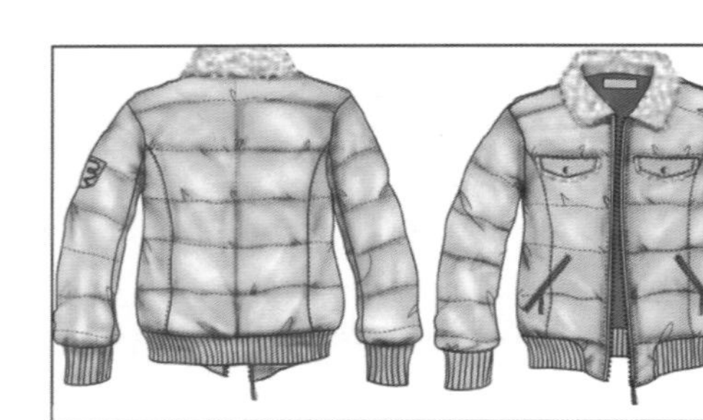

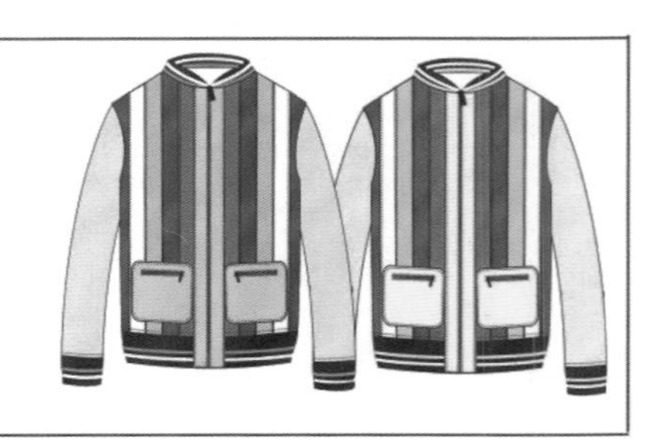

图 5-27 男士夹克平面款式图

第三节　服装局部平面款式图及细节表现

服装的局部主要指与服装主体相配置、相关联的零部件设计，并与主体造型一起构成了完整的服装造型，主要包括衣领、袖子、口袋、门襟等。服装的局部造型一方面考虑到局部造型所特有的的服用功能，另一方面要注重局部和整体造型之间所呈现的主从关系，最具装饰性和表现力，并丰富和强化了服装的整体造型效果。

一、衣领

衣领在变化上非常丰富，款式繁多，是服装整体造型的视觉中心。通过改变领型可以给服装全新的视觉效果。

在绘制衣领平面款式图时，要注意衣领在外观的形式和内部结构上的差异性。同时，衣领的设计在结构上要参照颈窝点、颈后中点、肩颈点、肩端点 4 个人体颈部的基准点，见图 5-28 ~图 5-30。

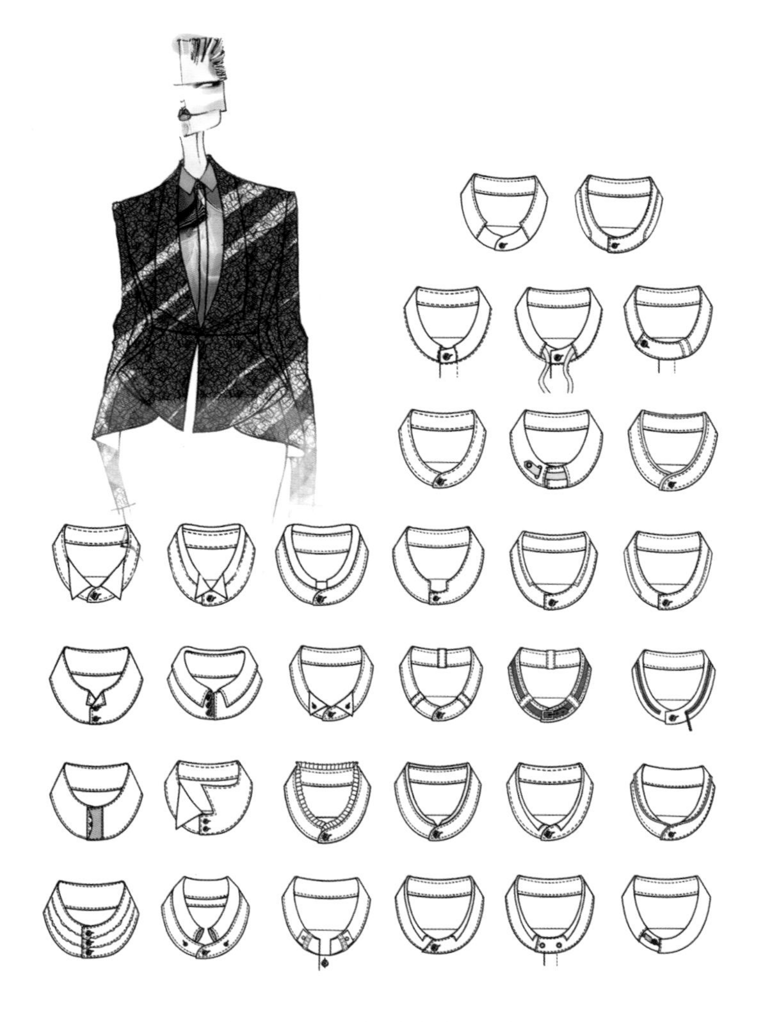

图 5-28　衣领设计表达（一）

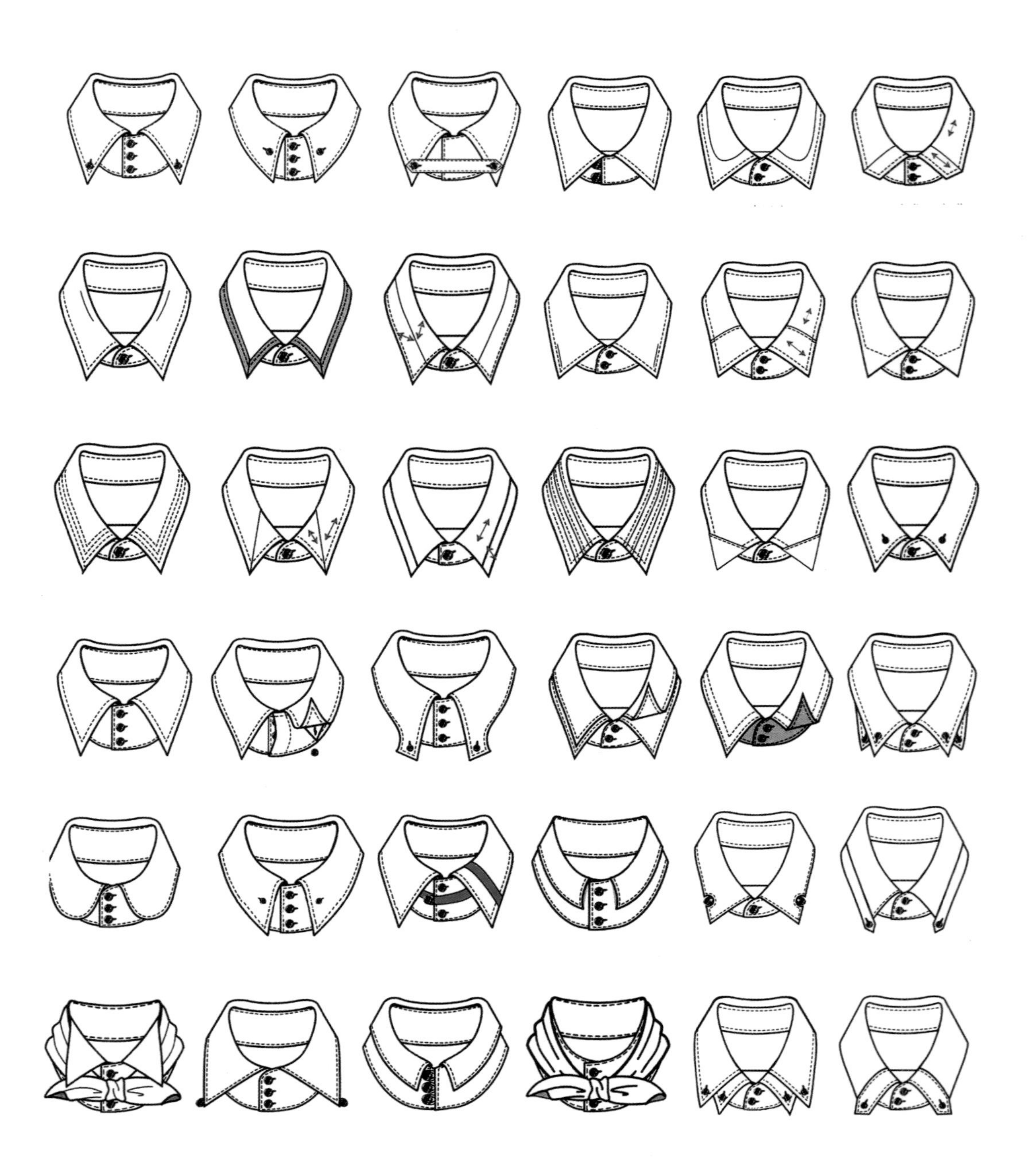

图 5-29　衣领设计表达（二）

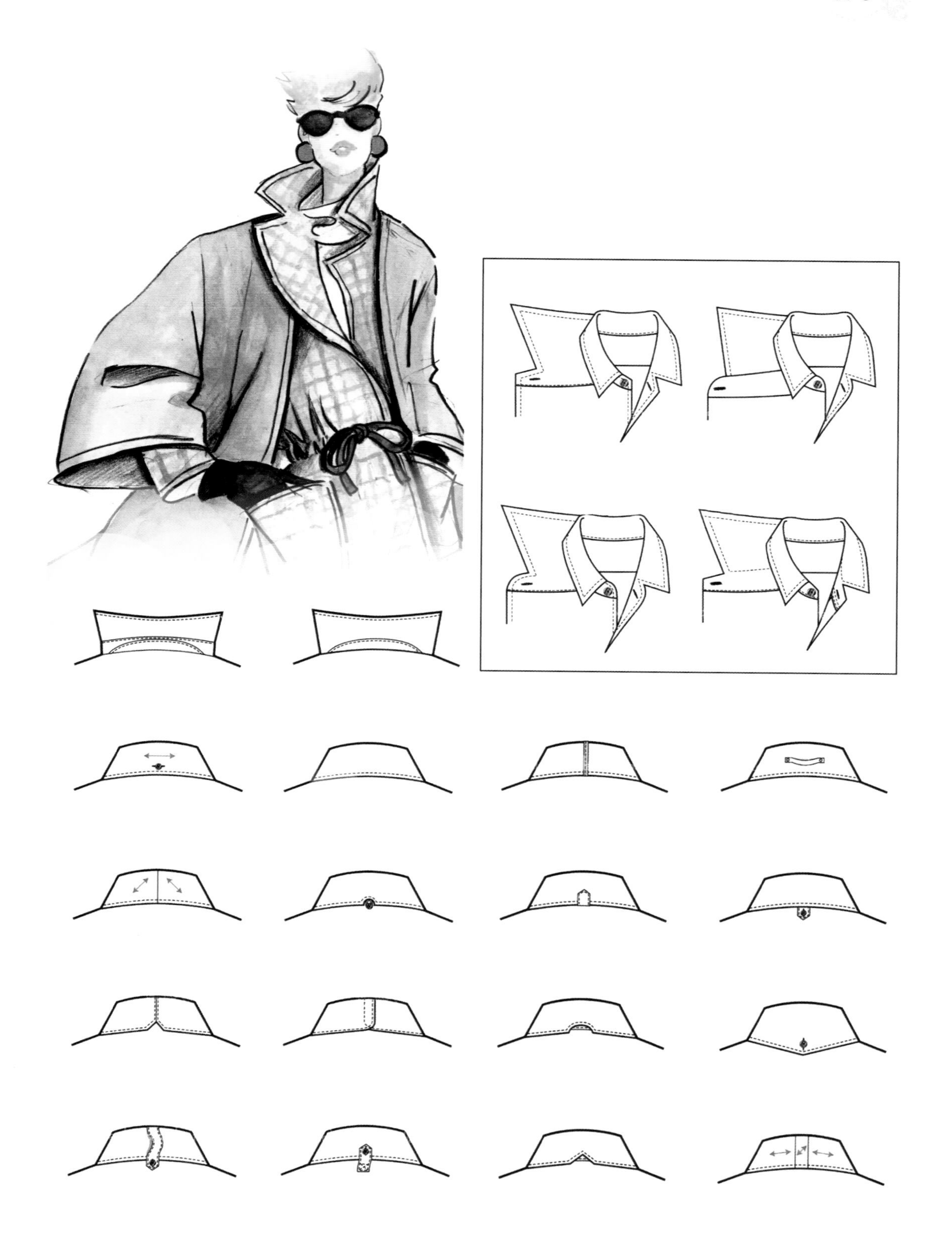

图5-30　衣领设计表达（三）

二、袖口

袖口是服装整体造型的重要组成部分。袖口的设计必须在适体性和可穿脱性的基础上考虑其装饰性和细节变化，同时注意与服装整体设计的和谐，见图 5-31 ~图 5-33。

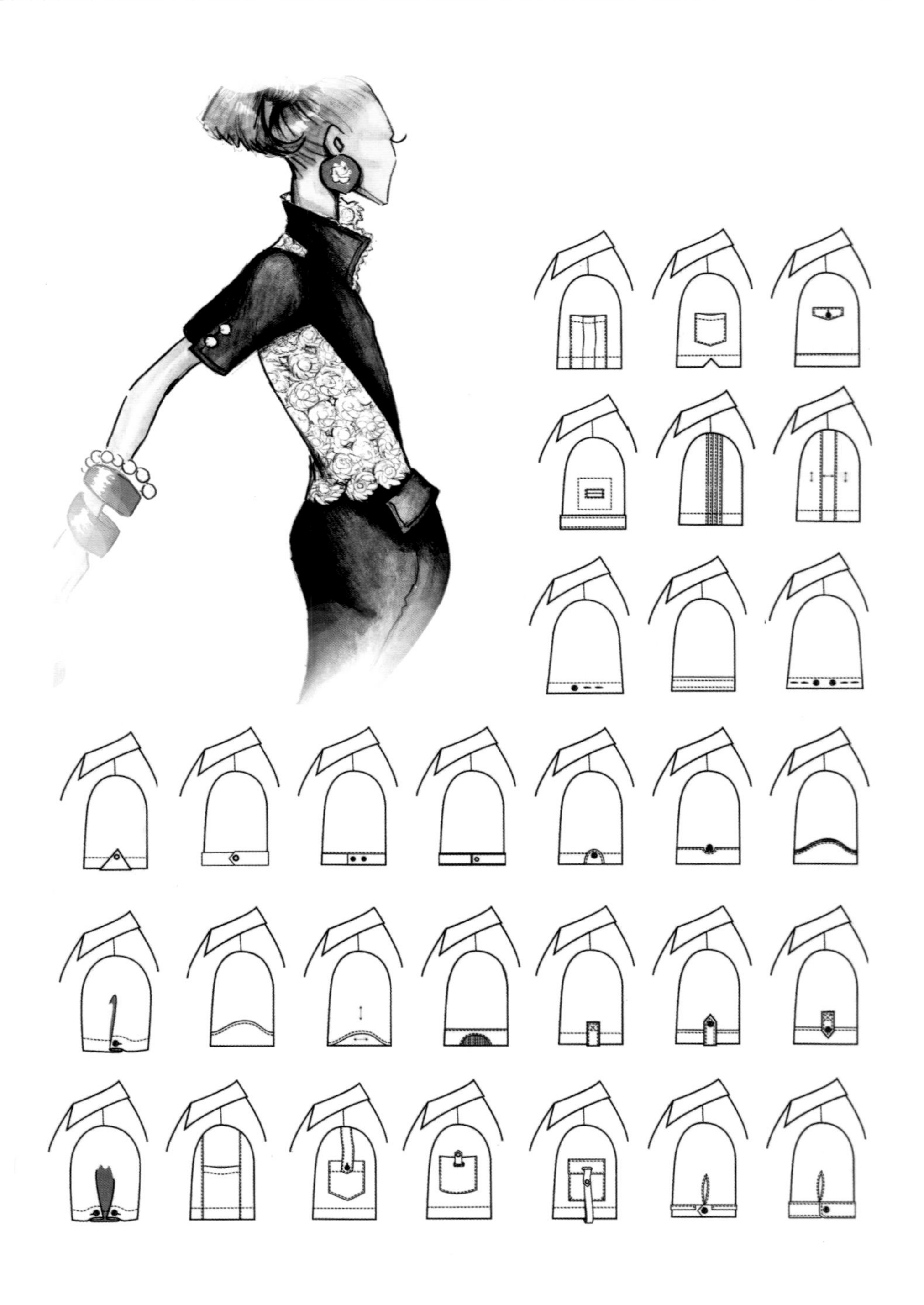

图 5-31　袖口设计表达（一）

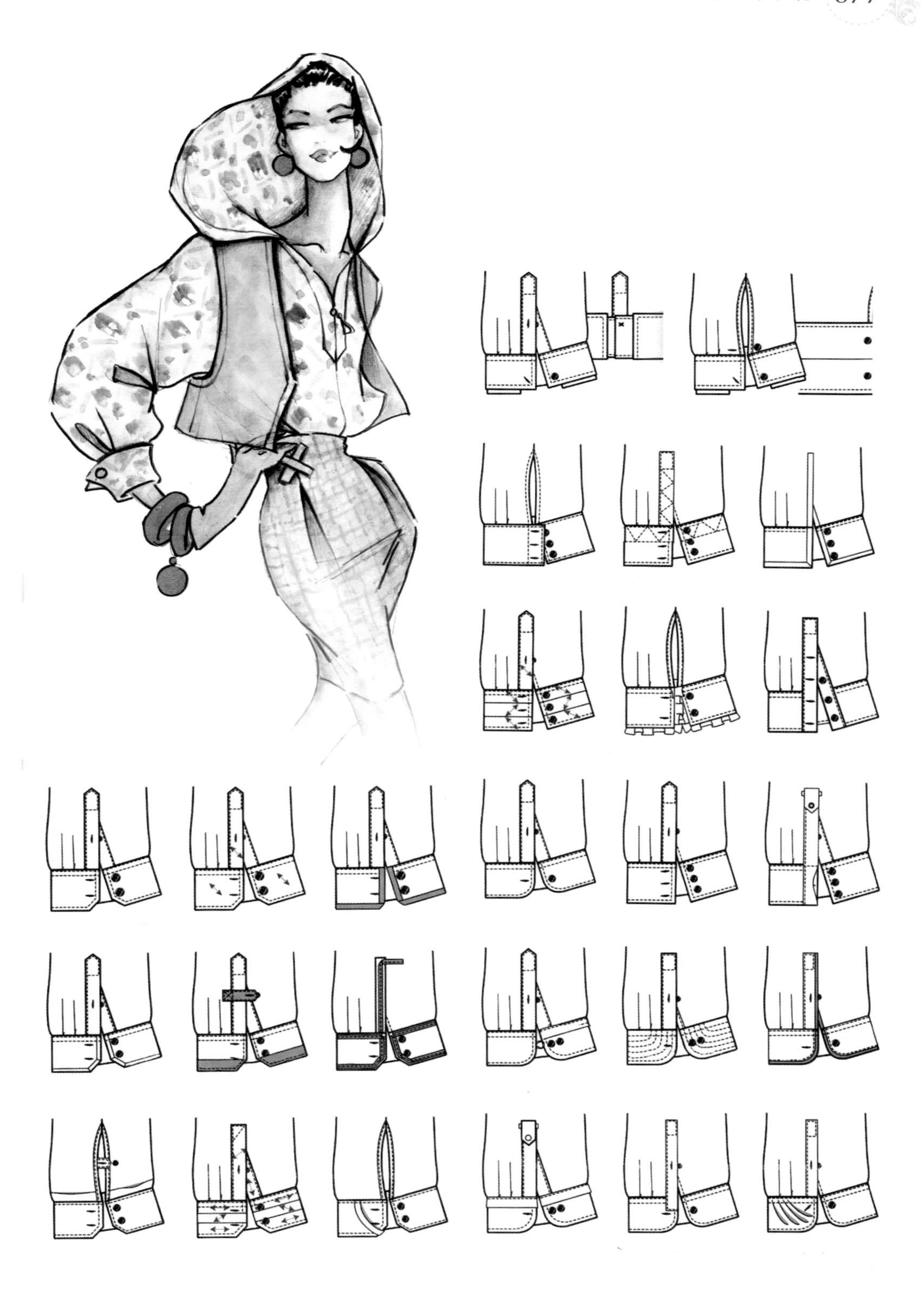

图 5-32　袖口设计表达（二）

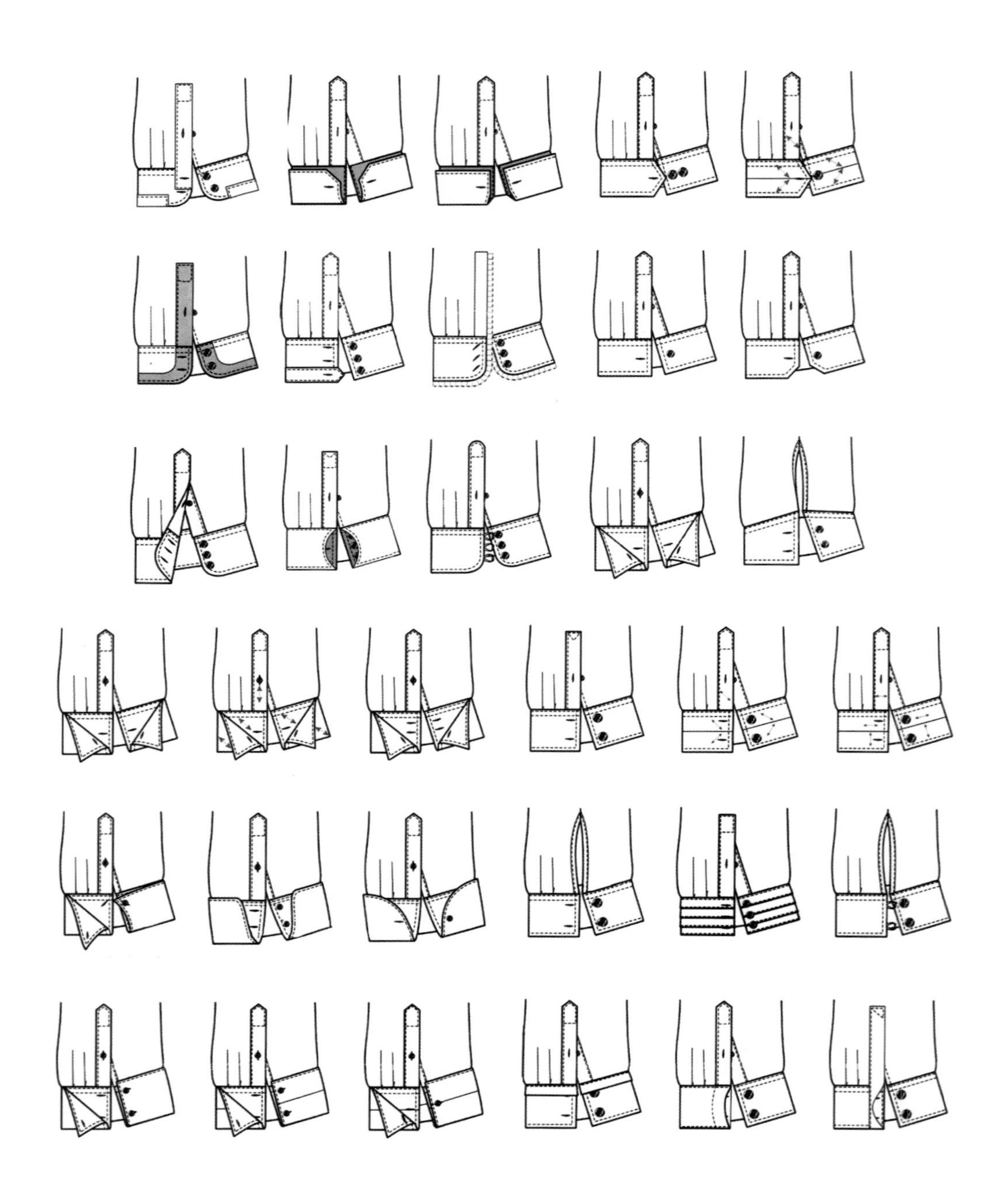

图 5-33　袖口设计表达（三）

三、口袋

口袋是服装的基本部件，大多数口袋都具有实用功能。口袋依据结构特点可以分为贴袋、插袋、挖袋、里袋、假袋。同时口袋风格还需要与外套或夹克的其他细节相互协调，在衬衣和罩衫的设计中，口袋更多地侧重于装饰性，见图5-34～图5-36。

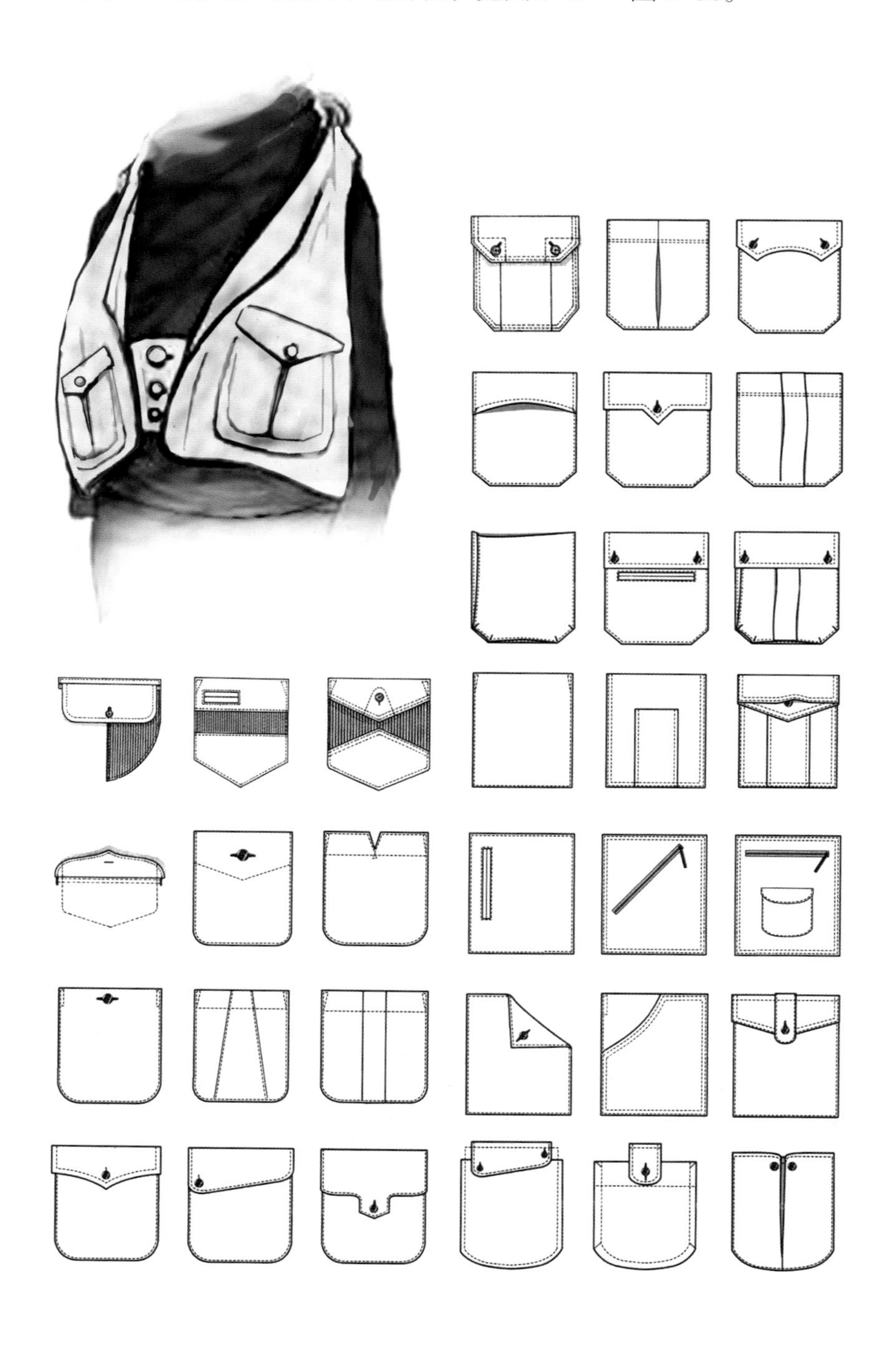

图5-34　口袋设计表达（一）

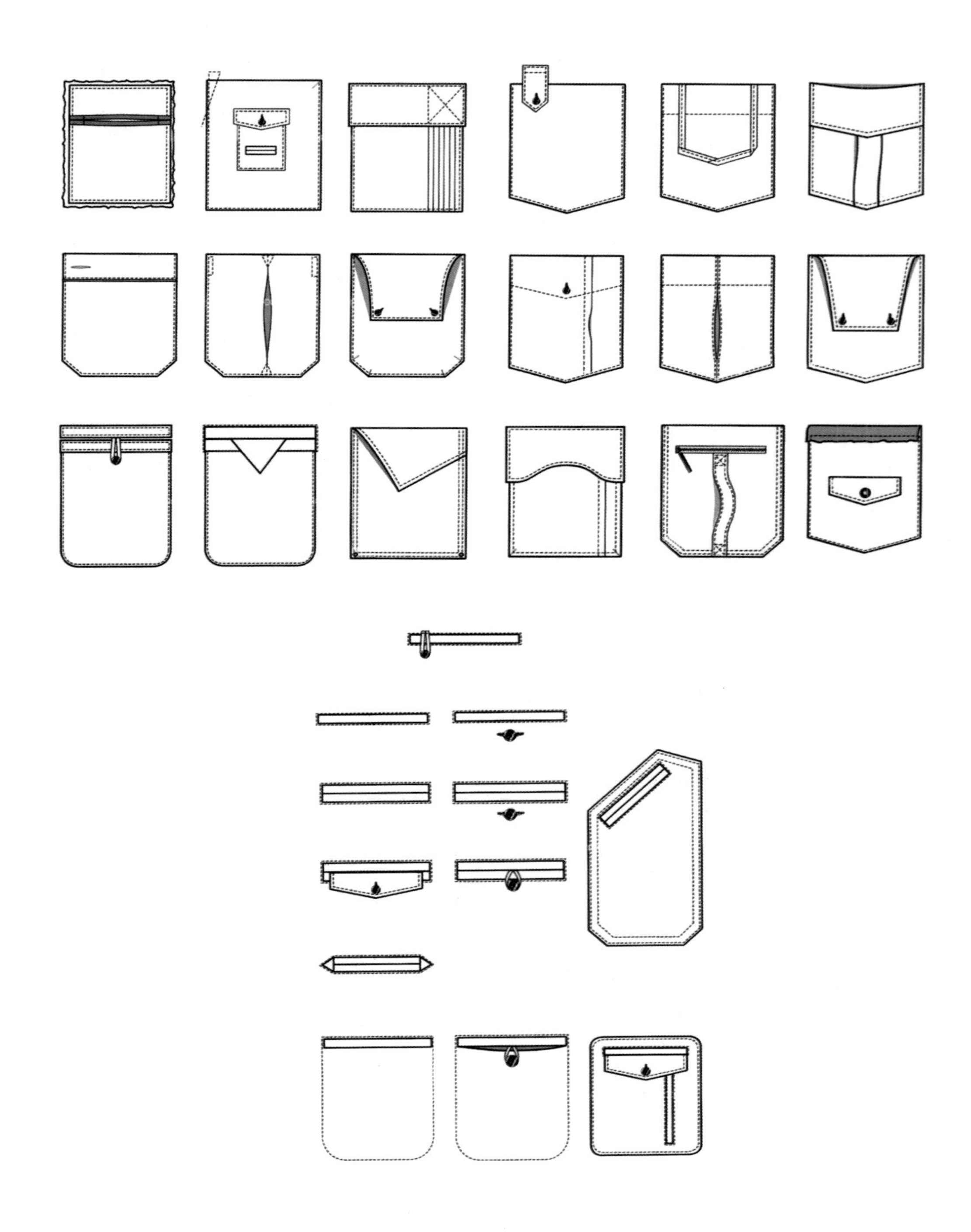

图 5-35 口袋设计表达（二）

图 5-36 儿童装口袋设计表达（三）

四、其他局部

1. 衣摆侧开衩

见图 5-37。

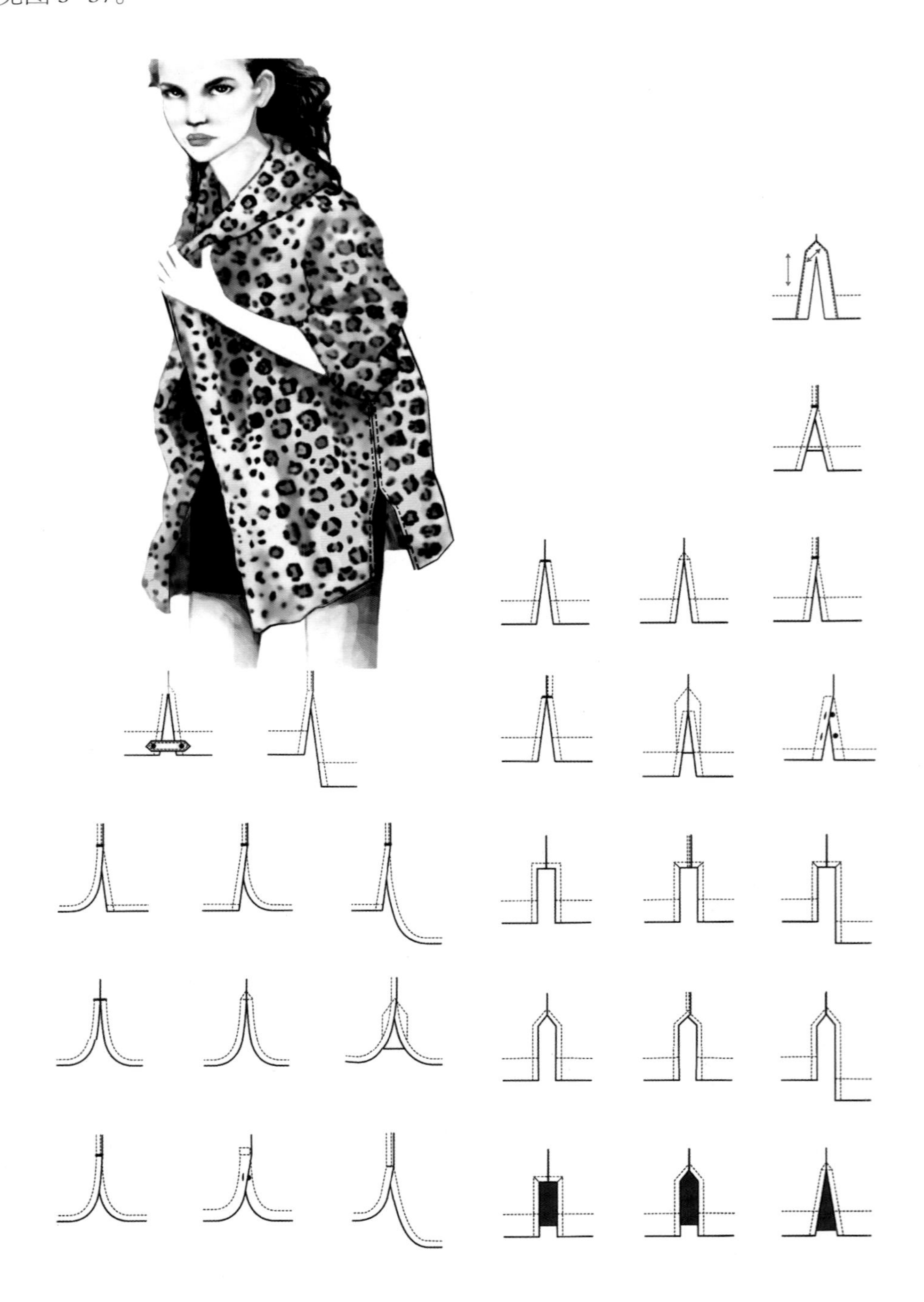

图 5-37 衣摆侧开衩设计表达

2. 肩袢

见图 5-38。

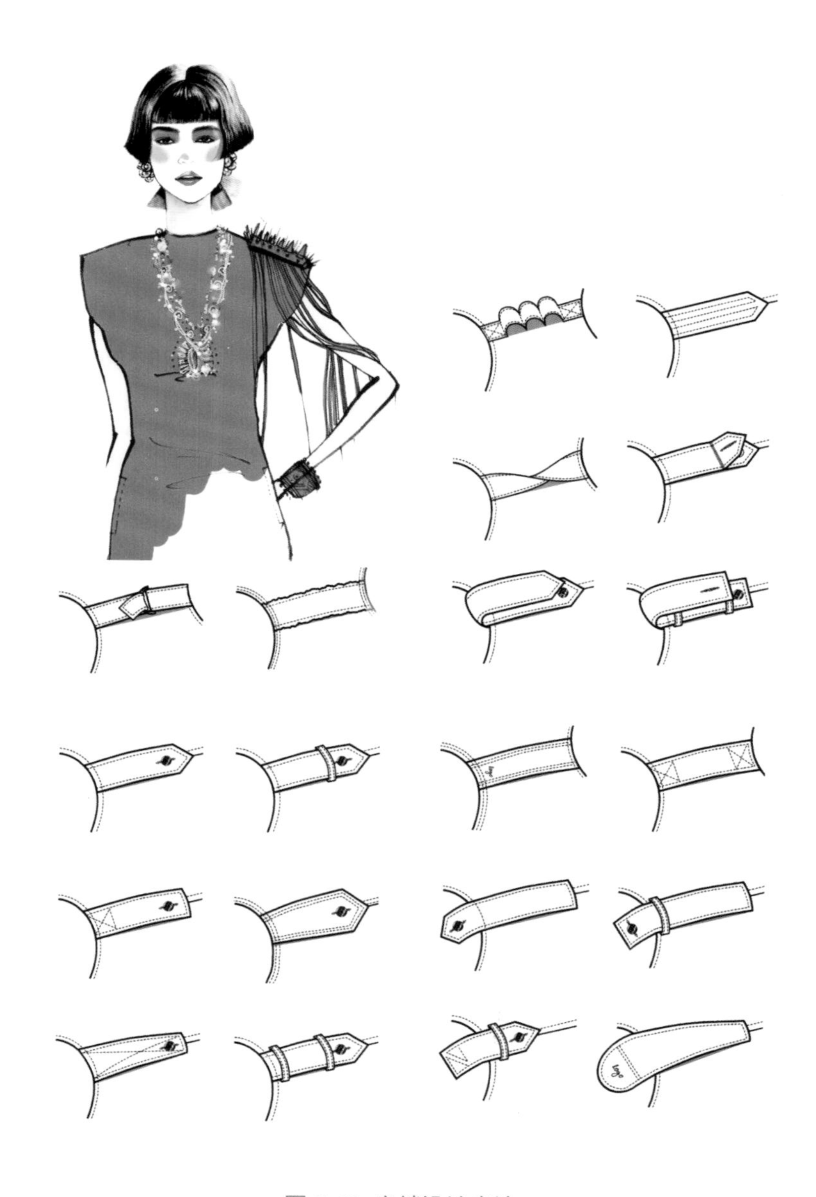

图 5-38 肩袢设计表达

思考与练习

1. 在自己的衣橱中挑选一件最有设计特点的衣服，等比例画出这款服装的款式图。
2. 举例说明不同款式造型的服装在进行款式设计时应把握住哪些要点。
3. 自己设计出 10 种不同类型的服装款式图，并详细表现出服装的细部结构。

第六章 服装面料及装饰的表达

课题名称：服装面料及装饰的表达

课题内容：面料的艺术表现与纹样的再现

特殊工艺结构和面料肌理的表达方法

服装配饰的表达方法

课题时间：8课时

教学方式：项目资料、多媒体课件、课堂实训

教学目的：1. 通过对面料、特殊工艺结构和面料肌理、服装配饰的学习，掌握服装面料与纹样等的表达规律与技巧，并能灵活运用于服装设计表达中。

2. 知道绘制服装设计图纸的常用工具与特殊工具。

课前准备：1. 不同材质的纺织品实物图片。

2. 风格明晰的三种时装发布会图片。

面料是服装的载体。从事服装设计工作必须熟练地掌握表现不同面料与纹样的表现技巧，细节决定成败，如画一件合身的衣服却不会表现褶皱等细节，画礼服却又不会将纱的朦胧与蕾丝的细巧等材质表现出来，那么服装与人物结合后最终的效果将大打折扣。为了使观者明确了解设计者的设计意图，能通过设计图清晰地将面料特征表现出来就显得尤为重要。

要想真实地表现面料的质感，那么了解面料的特点是首要的。如衣物纤维会有多强的支撑力？衣物面料的贴身性是怎样判断的？当人运动时，衣服上出现了褶皱，那么布料的褶痕是又软又圆滑的呢，还是硬脆而有棱角的呢？只有了解面料的基本性能才能明确知道这种面料适用的款式设计。下面我们将结合服装款式来介绍一些常见面料质感的表现技法。

第一节　面料的艺术表现与纹样的再现

一、条纹与格子

1. 面料特点

条纹与格子面料的纹样秩序感强。图案常用在呢子、棉质品等材料上，用途广泛。从

春秋装的小外套到冬装的大衣，从裙装到套装均可运用条纹与格子。

2. 条纹毛衫绘制步骤

见图 6–1，具体步骤如下。
（1）在纸上绘制出服装的款式。
（2）在服装上画出领口的纹路。
（3）在衣身上用马克笔涂上一层宝蓝色，并适当地表现出明暗关系。
（4）用黑色针管笔和白色涂改笔分别沿着衣纹画出纹路感觉。

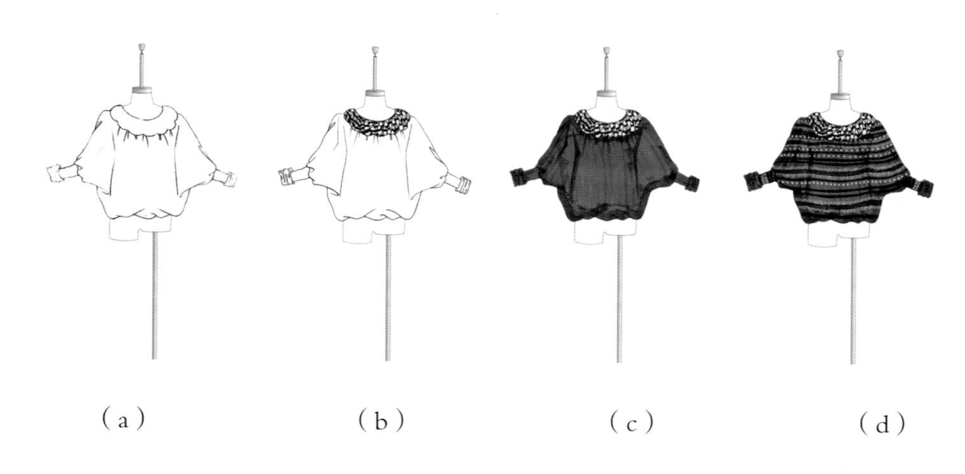

（a）　（b）　（c）　（d）

图 6–1　条纹毛衣的设计表达

3. 格子大衣绘制步骤

见图 6–2，具体步骤如下。
（1）绘制出衣服及面料的基础轮廓。
（2）确定出面料的黑白灰，进行色块上色。
（3）用斜线绘制出面料的肌理感。

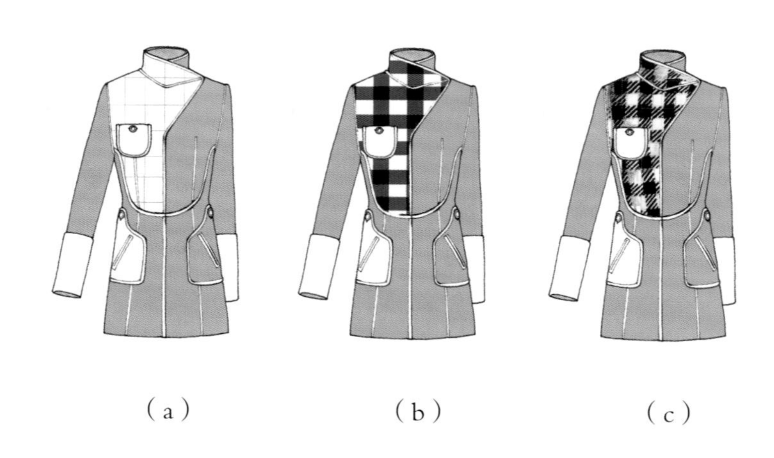

（a）　（b）　（c）

图 6–2　格子大衣的设计表达

二、牛仔布料

1. 面料特点

牛仔面料属棉织物中的斜纹织物。传统牛仔面料较为厚重，粗糙感强，质地较硬，风格粗犷。一般用涂抹干擦的技法表现牛仔面料粗犷的效果，辑明线是其服装的最显著特征。

2. 牛仔裤的绘制步骤

见图 6-3，步骤如下。

（1）在纸上绘制出牛仔裤的款式。

（2）用蓝色水溶彩铅笔表现出牛仔裤的明暗关系。

（3）进一步刻画，把牛仔裤的色彩表现出来。

（4）深入刻画，在原有的基础上加重色调，画出裤子撕拉的肌理感觉。

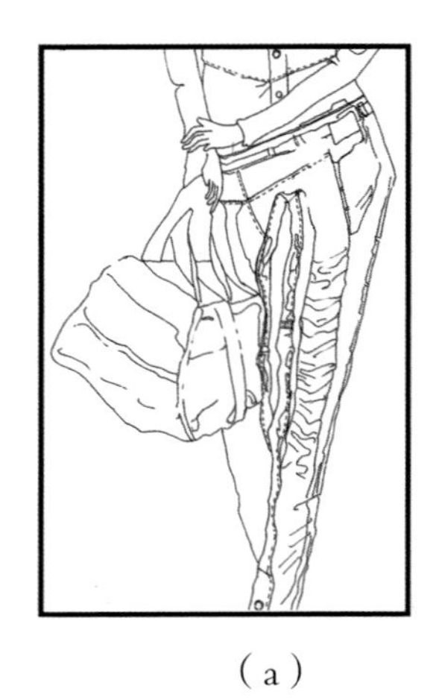

（a）

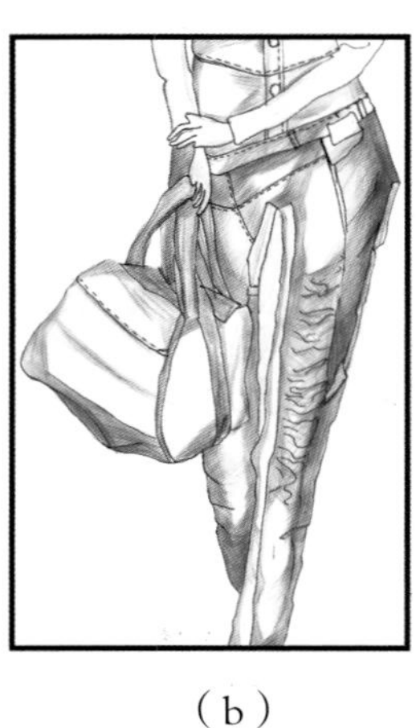

（b）

（c）

（d）

图 6-3　牛仔面料的设计表达

三、毛织面料

1. 面料特点

由于毛织面料的线较粗，所以毛织面料厚实、手感舒适，纹样秩序感强，给人以温暖感。毛织面料用途广泛，品种丰富，适用于表演类、休闲类服装。

2. 井字纹绘制

见图 6-4。

（a）用铅笔打底稿

（b）顺着经纬方向，铺底色，注意留白

（c）勾勒出阴影

（d）调整细节

图 6-4　井字纹面料绘制

3. 变化纹样绘制

见图 6–5。

（a）用铅笔打底稿

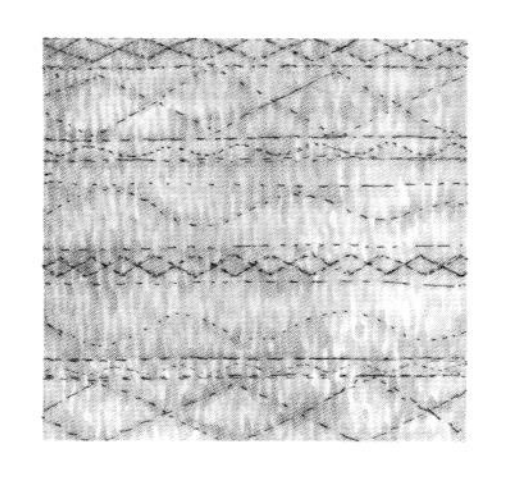

（b）淡彩铺底

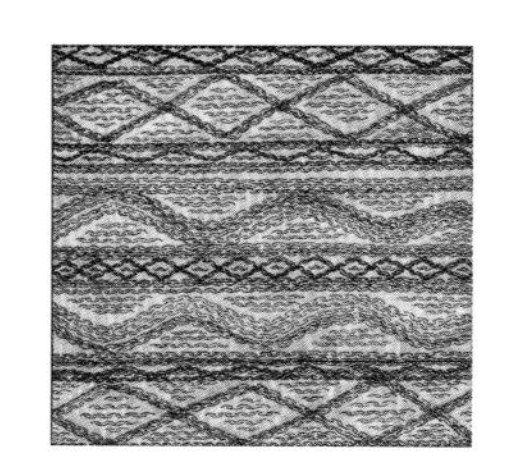

（c）丰富细节

图 6-5　变化纹样绘制

毛织面料设计表达见图 6-6、图 6-7。

图 6-6　毛织面料效果图（作者：徐永华）　　图 6-7　毛织面料效果图（作者：罗荫富）

四、皮草

1. 面料特点

常见的皮草有貂皮、银狐皮、兔毛等，其特点为毛长、绒密、触感好。由于各皮料造价及性能的不同，所使用的部位也不同。如貂皮多用于女装领部、袖部的装饰，而银狐皮则多用于大衣。

2. 皮草的绘制技法

见图 6-8 和图 6-9。

绘制皮草面料时毛峰的走向要统一中有变化，呈放射状绘制，切勿过于呆板或杂乱无章。

（a）绘制出毛皮面料的黑白灰关系

（b）根据毛皮面料的走向绘制出毛皮面料的大致廓型

（c）绘制毛皮的肌理感

（d）上色，细微刻画毛峰

图 6-8　皮草绘制步骤

图 6-9　皮草绘制（作者：徐永华）

五、花布面料

花布面料质地多为丝绸、棉麻，花型种类丰富，常见的有豹皮纹、迷彩纹、虎皮纹、花卉图案等，其花型大小、图案纹路粗细不一，线条纵横交错形成富于变化的图案。绘制技法见图 6-10。

（a）起稿后画出图案轮廓

（b）填色

（c）加强衣纹的表现

图 6-10　花布面料绘制步骤及效果图

六、装饰与刺绣

1. 面料特点

刻画线绣的痕迹，可以使刺绣的肌理感更加突出。常见的装饰面料如镶钻、添加亮片及在面料上进行绗缝等工艺，手法丰富，种类繁多。在绘制亮片过程中，要注意黑白灰的过渡面分明，是体现亮片的重点。而绗缝等工艺要着力突出缝线痕迹。

2. 装饰纹样绘制。

见图 6–11。

（a）起稿

（b）选择面料的原色进行整体填色

（c）在装饰纹样处分别提亮和加重，确定明暗关系，使图形更加立体

（d）刻画细节，使其效果更完善

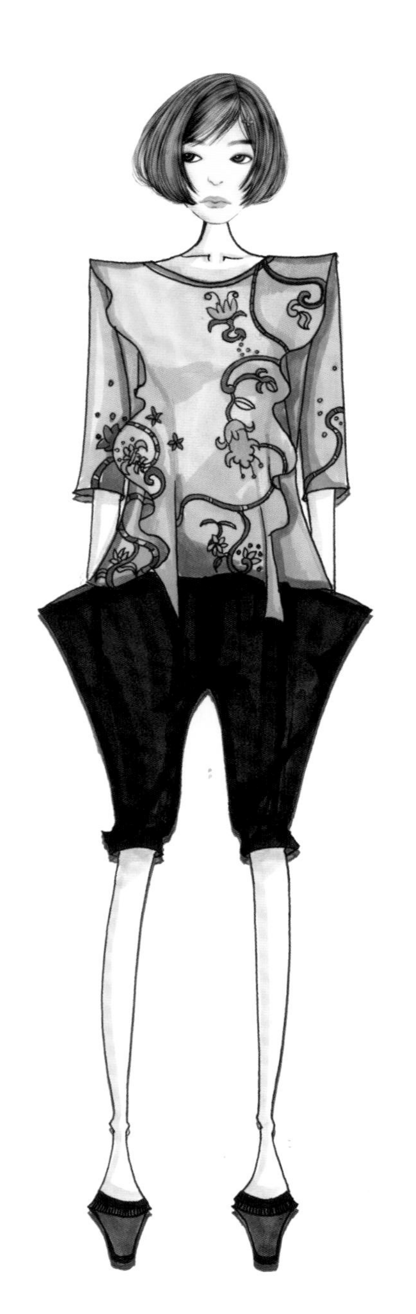

图 6–11　装饰纹样绘制（ 作者：罗荫富）

3. 刺绣纹样绘制

见图 6–12。

（a）手绘出花朵和流苏的基本廓型

（b）擦掉轮廓线用线条绘制出暗部

（c）加重暗部,绘制出灰面。最后用橡皮提亮，增加刺绣立体感

图 6–12　刺绣纹样绘制

七、蕾丝

蕾丝面料特点：雕琢精细，适用于各类礼服、内衣类服装。蕾丝的表现，重点在于对面料图案的精致刻画。在绘制时，不仅要注意复杂的花纹设计，而且也要将镂空的内外层次感表现出来（图 6–13 ~图 6–15）。

（a）打底稿

（b）将图案绘制出来

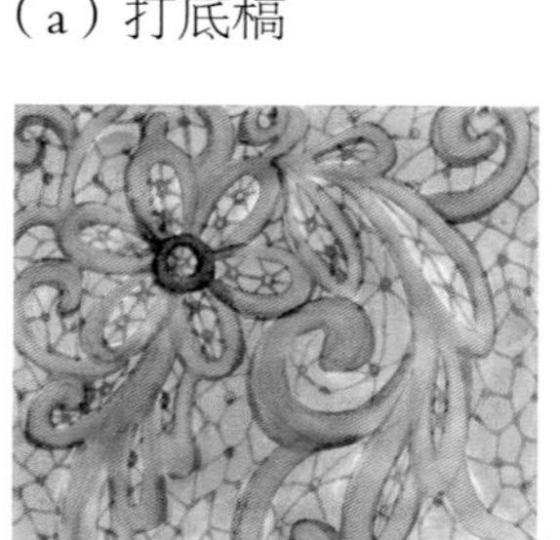

（c）打底色，区分色彩

（d）描花边，强调明暗

图 6–13　蕾丝绘制

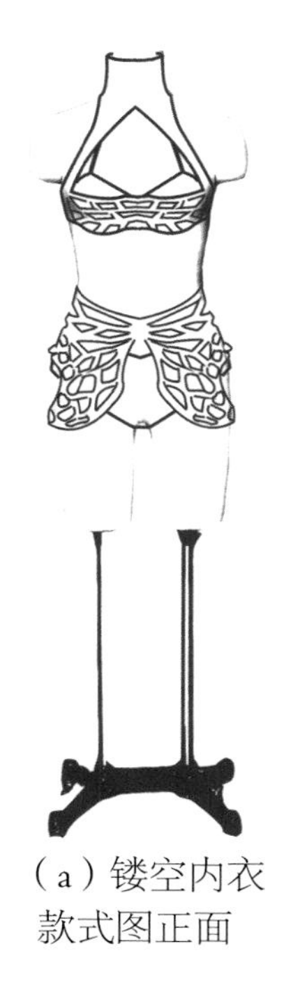
（a）镂空内衣款式图正面

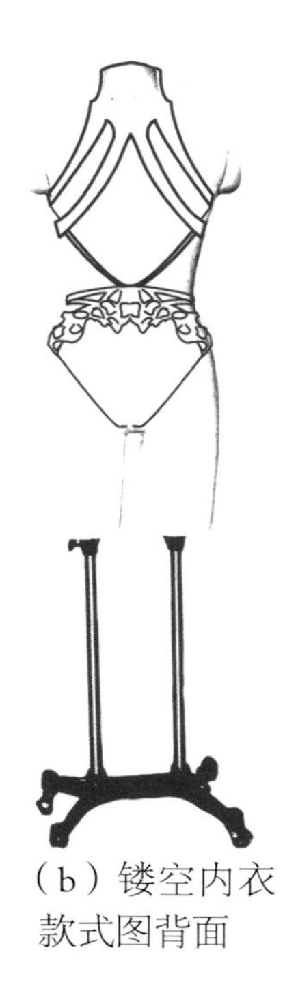
（b）镂空内衣款式图背面

图 6-14　内衣款式图

图 6-15　镂空内衣效果图（作者：葛佩仙）

第二节　特殊工艺结构和面料肌理的表达方法

一、特殊褶皱的表现技法

1. 横褶

面料特点：由规律或不规律排列的碎褶组成，富有立体感。适用于春夏季少女装、家居服。其表达技法见图 6-16。

（a）绘制出褶皱的基本轮廓

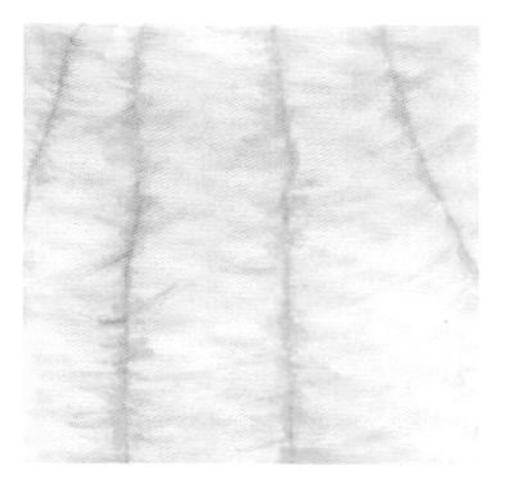
（b）以淡色铺底，用同色系较深色表现褶皱间的明暗关系

（c）绘制阴影，强调绗缝线

（d）进一步添加不规则的细摺

图 6-16　横褶表现技法

2. 竖褶

面料特点：受拉力等因素影响，面料的褶皱呈规则性走向，注意绘制时在统一中寻求变化，以免僵硬。其表达技法见图 6-17、图 6-18。

（a）绘制出褶皱走向

（b）铺底色并区别明暗

（c）用深色勾出主要褶皱

（d）强调暗部，丰富细节。

图 6-17　竖褶表现技法

图 6-18 竖褶效果图

二、凹凸图形的表达方法

1. 凹凸图形基本表达方法

基本凹凸图形表达技法尤其要注意明暗关系的表达（图 6-19）。

（a）用铅笔打稿底

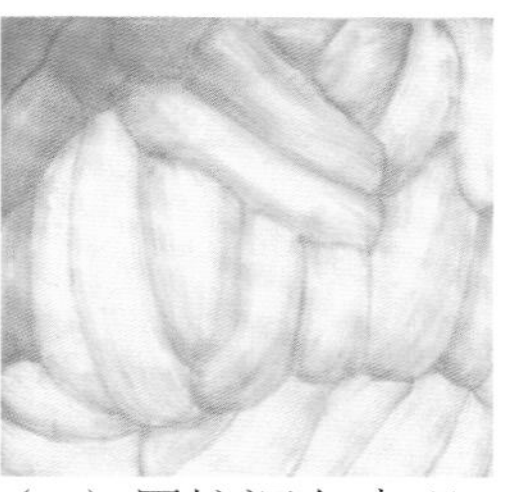

（b）用较深色表现凹凸图形的明暗关系

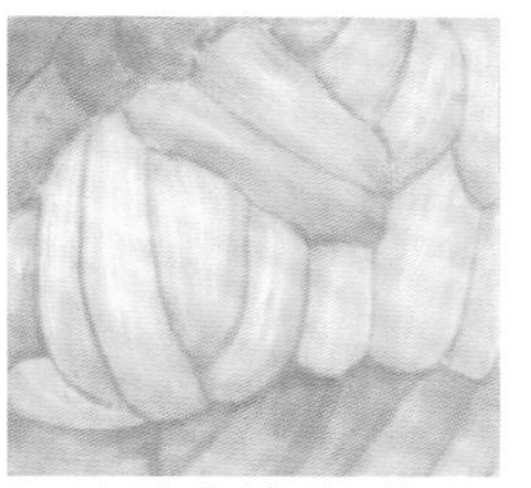

（c）添加细节

（d）加重阴影，强调边缘

图 6-19 凹凸图形表达方法

2. 凹凸图形在服装中的整体表现效果

凹凸图形是服装常用的图形之一，并由此引申出整个服装造型的凹凸感。本文以折纸元素为设计灵感为例解析服装设计中的凹凸造型应用表现手法（图 6-20、图 6-21）。

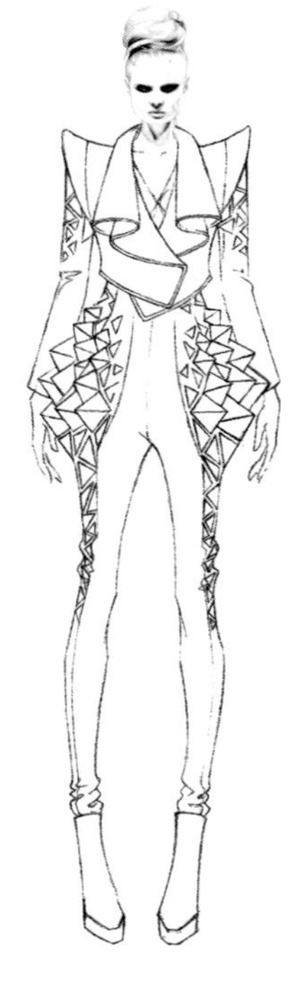

（a）打底稿

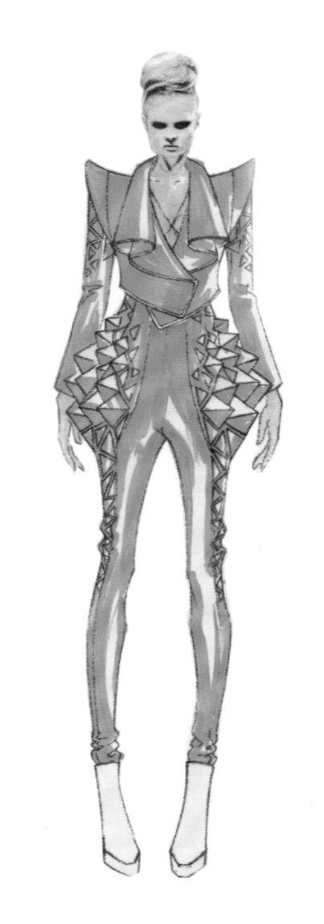

（b）上底色，留高光

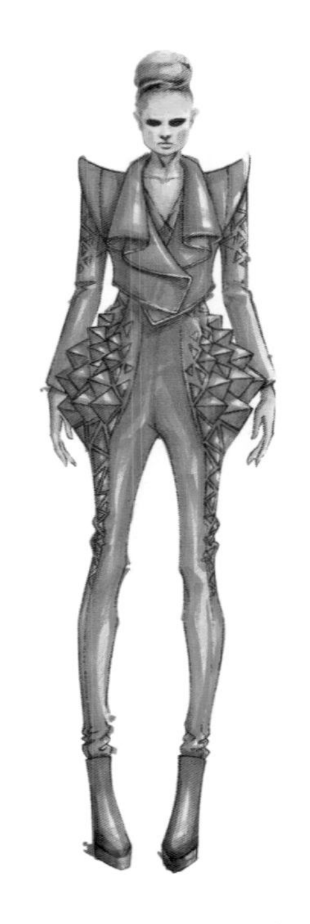

（c）强调明暗，注意高光的位置要反映出服装的结构

（d）加背景，注意背景的选择在色彩和形式上要和服装本身的造型、风格相协调

图 6-20　凹凸图形在服装中的表现（一）（作者：刘秋玲）

（a）灵感源，折纸造型

（b）样衣试制

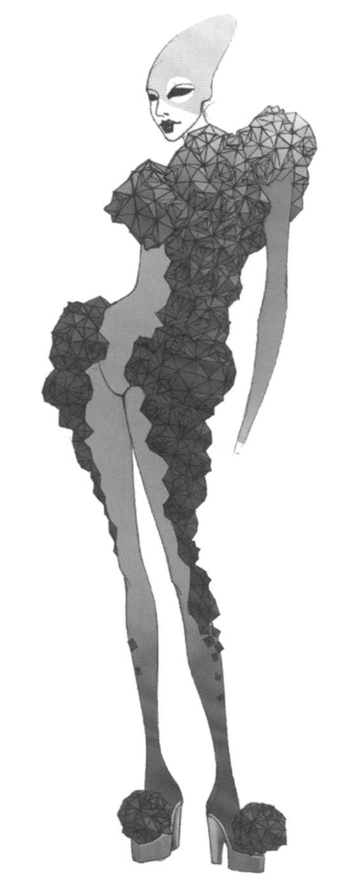

（c）凹凸造型元素效果图一

（d）凹凸造型元素效果图二

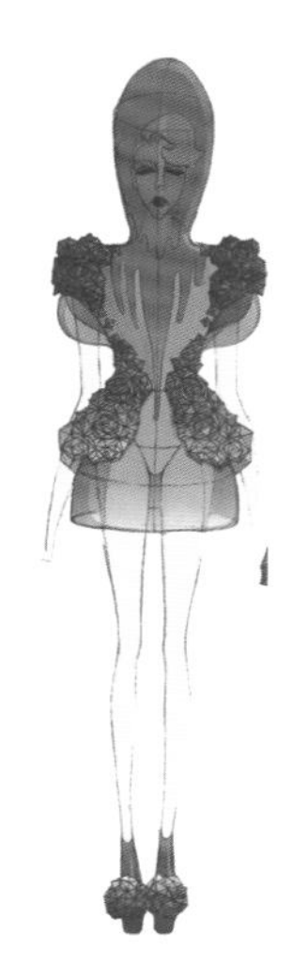

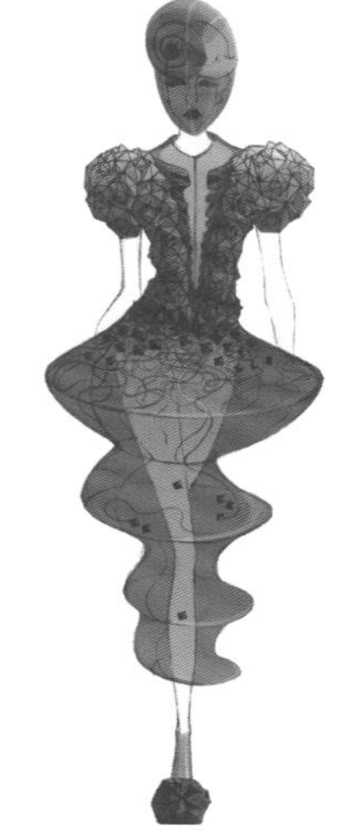

（e）效果图三

图 6-21　凹凸图形在服装中的表现（二）（作者：刘秋玲）

三、服装肌理表现方法

1. 绳结类

此种类型的表现要注重编结时体现出的层次感和整体的疏密关系，通过阴影等合理方式，加重对细部关键线条的刻画（图 6−22）。

2. 表演类

此种类型的表现在图案上要注意图形的完整性及视觉的联系性；在色调上要协调性强，以突出其浓艳的特点。同时还要表现出镶钻，为后面提亮装饰物的色泽奠定基础（图 6−23）。

3. 褶皱堆积类

此种类型的表现在领口和袖子的褶皱堆积的效果上，要表现出生动、立体的视觉效果，还要注意同种面料进行不同处理的质感对比（图 6−24）。

图 6−22　绳结类服装表现

图 6−23　表演类服装表现

图 6−24　褶皱堆积类表现

4. 钻饰类

此种类型的表现主要在表现镶钻的特点，在平铺一层色彩之后，轻轻划出纹理的走势，为下一步提亮装饰物进行色泽铺底。然后提亮钻饰的亮光处，强调暗部线条（图 6−25）。

图 6-25　钻饰类服装表现

第三节　服装配饰的表达方法

服装配饰包括服饰、服饰品、配饰品、服饰配件等。它涵盖服饰搭配、服饰配套、服装的装饰与装扮等概念。恰当的配饰，既可以衬托人物气质，增加画面表现力，又可以突出设计主题。本节所展示的配饰主要包括项链、手链、颈饰与耳饰、背包等。

一、饰品与时装的搭配与绘制

饰品属于服装配饰的重要组成部分，由于饰品多在人体局部展示，如颈部、腕部等部位，和其他服装配饰相比，更引人注目。饰品多以多面形球状为主要元素组成，在绘制时要强调球形体面的转折关系及复杂的饰品形态与简练光洁的颈、腕部搭配对比后所产生的体量感。

1. 项链

项链的设计表达见图 6-26。

（a）将项链的外轮廓绘制出来

（b）强调链子之间的转折面

（c）整体调整，强调层次感

（d）突出重点，将部分珠子做深入刻画

图 6-26　项链的设计表达

2. 手链

手链的设计表达见图 6–27。

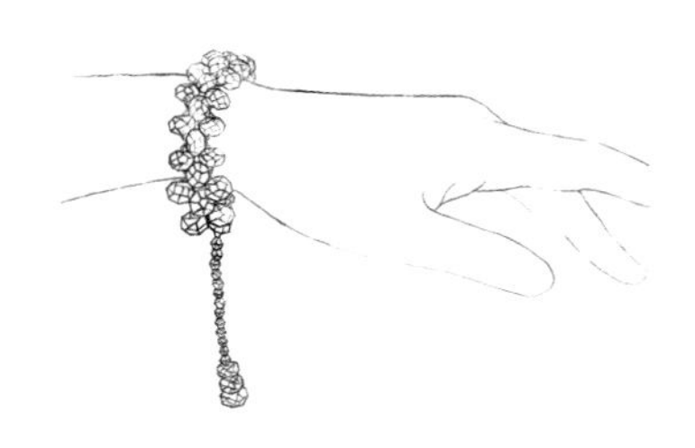

（a）绘制轮廓，注意手与手链之间的比例关系

（c）强调手链结构层次关系

（b）上底色，注意光影方向及留白的位置

（d）刻画细节，突出手链层次感及体面关系

图 6–27　手链的设计表达

3. 颈饰与耳饰在服装设计表达中的表现

颈饰与耳饰在服装设计表达时搭配中，要考虑配饰在整体风格中的协调性，即要选择与人物造型特点、服装款式风格相协调的造型进行搭配才能保持整体风格的一致与效果的完整性。见图 6–28 ～图 6–30。

(a) 绘制轮廓

(b) 铺底色，注意配饰色彩与衣服色彩的协调性

图 6–28　颈饰的设计表达

（a）绘制轮廓

（b）简单画出明暗关系

（c）刻画细节

图 6-29 耳饰的设计表达

图 6-30 头饰与耳饰的设计表达

二、手袋的立体感表现

手袋的造型丰富，风格多样。根据其风格和使用场合的不同，本书选择五种较具代表性的手袋造型进行示范。

1. 休闲型挎包

休闲型挎包能体现休闲气质，造型简洁，大容量、绳带是其必不可少的元素，此类挎包多与休闲装组合搭配，适合年轻、有活力的人群，见图 6-31。

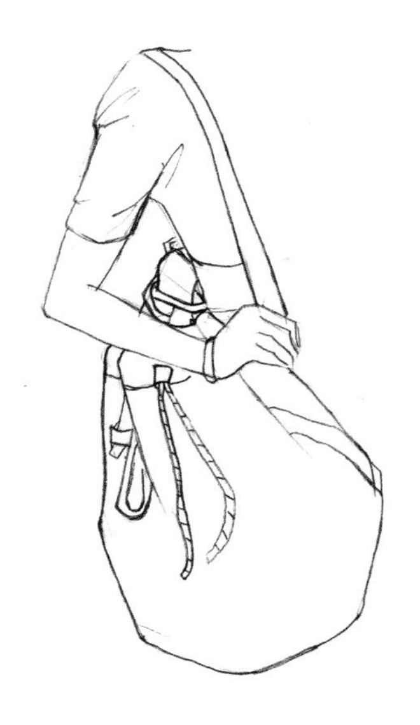

（a）用铅笔绘制轮廓

（b）铺底色，注意光线方向

（c）整体上色，加重明暗关系

（d）刻画细节

（e）增加背景，可扫描至电脑，丰富背景效果

图 6-31　休闲型挎包的设计表达

2. 少女型挎包

精致、可爱是少女型挎包的特点，在色彩上也多偏向于青春亮丽。容量不一定要大，设计也不用很夸张，但一定要有时尚元素，如流线型外观，硬朗的皮质与金属饰件的结合等，都是较好的搭配技巧，见图 6-32。

（a）绘制廓形

（b）用彩色铅笔平铺底色

（c）加重明暗关系

（d）继续丰富画面层次，
加重阴影，提亮高光处

（e）增加背景，丰富背景效果

图 6-32　少女型挎包的设计表达

3. 优雅型手包

优雅型手包多出现在宴会等较为隆重场合，常搭配礼服，以体现成熟女性的优雅感。此类手包设计小巧，重细节，材质的选择与面料肌理的处理是设计的重点，见图 6-33。

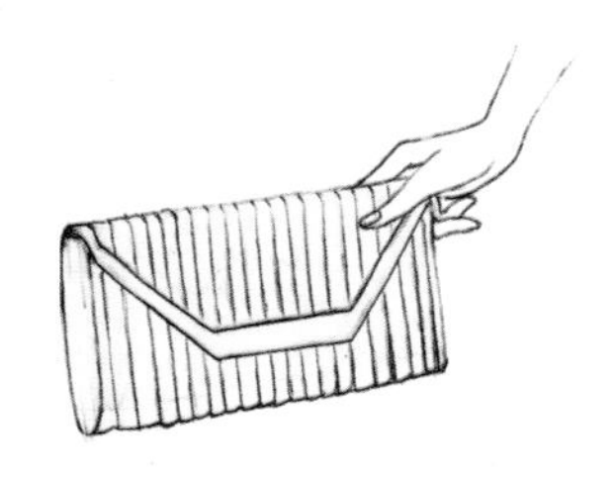

（a）绘制廓形

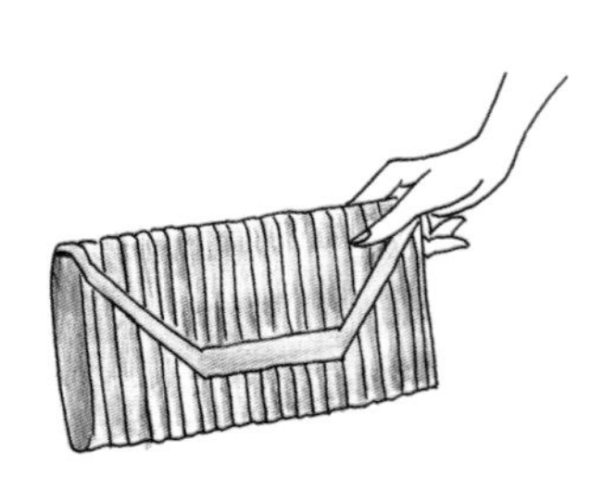

（b) 铺底色，注意光影方向

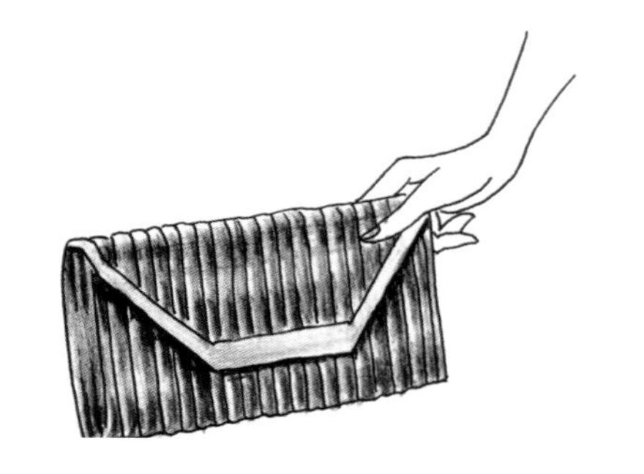

（c）绘制明暗关系

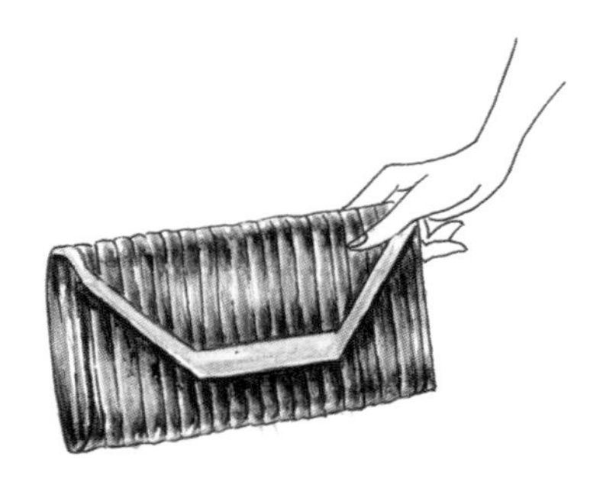

（d）高光处加光源色，进一步丰富色彩

（e）添加背景，注意整体效果渲染

图 6-33 优雅型手包的设计表达

4. 单肩包

单肩包外部线条流畅、简洁，容量较大，设计表达时着重强调质感表现与细节刻画，见图 6-34。

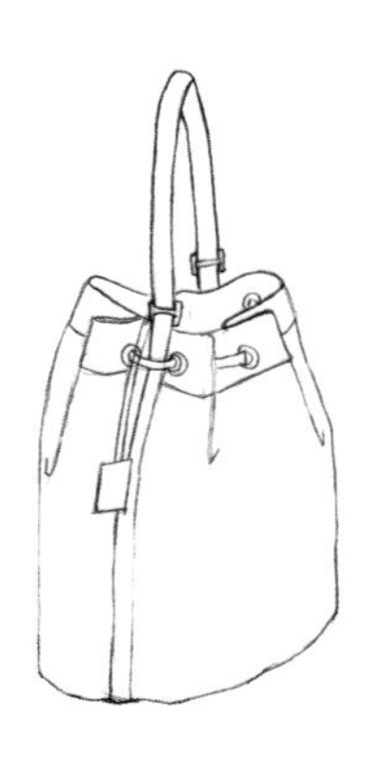

（a）绘制轮廓

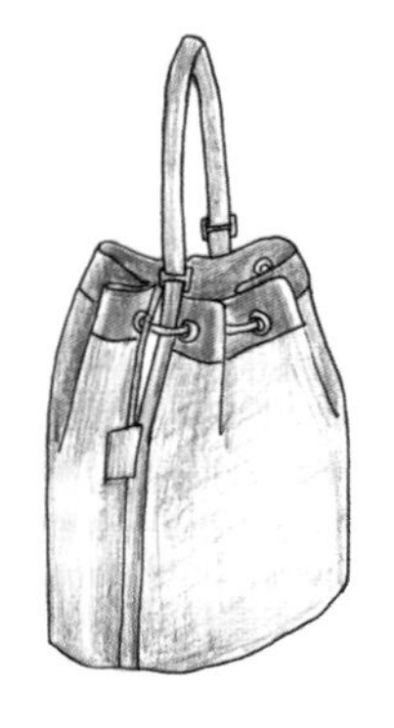

（b）铺底色

（c）加重阴影部分，保持光源方向

（d）用明暗变化表现其立体层次，适当强调结构线

（e）添加背景，保持整体色调的协调性

图 6-34 单肩包的设计表达

5. 手提包

手提包整体风格较为时尚、大气。肩背与手提均可，强调肌理变化效果，见图 6-35。

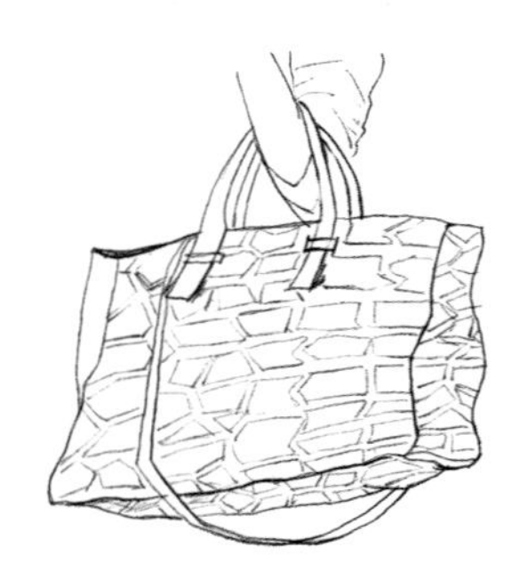

（a）绘制皮包轮廓，包上的包带等细节要清楚表现

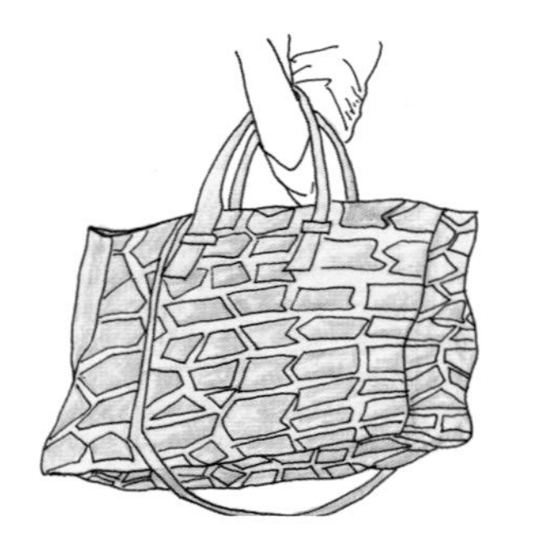

（b）涂单色，在装饰肌理上重复上色

（c）加重明暗关系，强调包的体积感

（d）适当加入光源色，丰富细节

（e）添加背景

图 6-35　手提包的设计表达

三、鞋靴的立体感表现

鞋靴的造型千姿百态，也是服饰中重要的组成部分。下文从不同材质、功能入手，展示了五种常见类型鞋靴的画法。

1. 羊羔毛小皮靴

在绘制时，注重羊羔毛与翻毛皮质感之间的对比处理，靴子的外部线条流畅，尤其是鞋头边缘部分与后跟部分，用线要有力、肯定；在羊羔毛处理上，用笔要放松，灵活，以体现毛的蓬松感，见图 6-36。

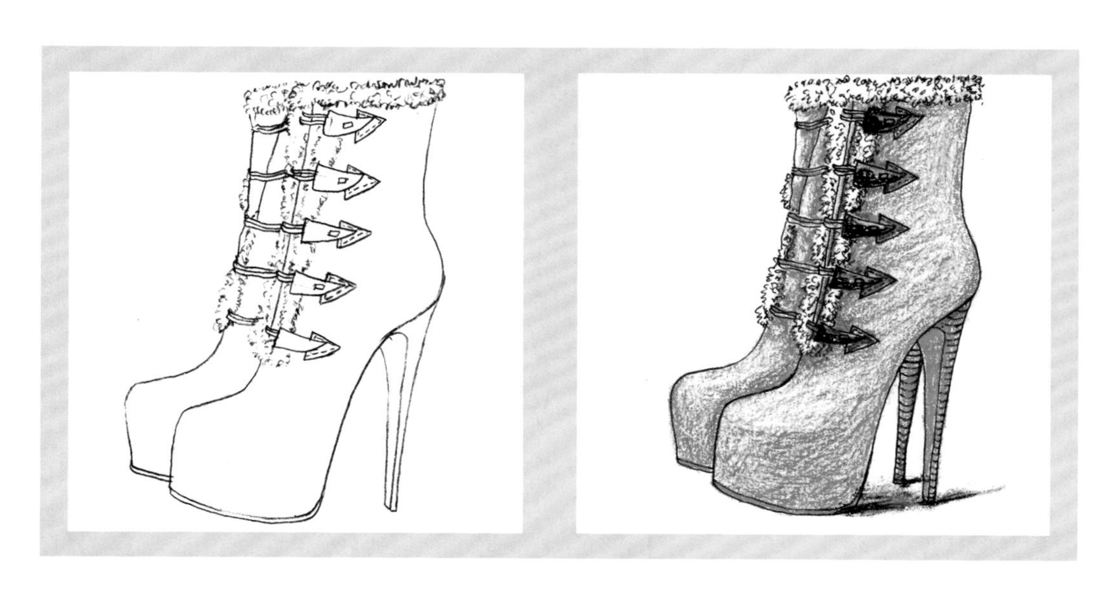

图 6-36　羊羔毛小皮靴的设计表达

2. 拼色小皮鞋

拼色小皮鞋的绘制强调分割线及色块之间的对比效果。不同的拼色呈现的效果差距很大，如同色相不同明度拼色，同明度不同色相拼色等，或和谐或强烈，根据设计者的想法，可在这方面做重点设计，见图 6-37。

图 6-37　拼色小皮鞋的设计表达

3. 坡跟凉鞋

坡跟鞋子如果坡跟过高，则呈现较为戏剧化的效果，在表达时可采用平涂手法，强调勾线，营造装饰感较强的造型特点，见图 6-38。

图 6-38　坡跟凉鞋的设计表达

4. 松糕鞋

厚实的鞋底是松糕鞋的特点，在绘制时要将鞋子的结构关系交代清楚，鞋子的透视关系在夸张的造型中显得尤为重要。着色时可根据整体效果决定平涂留白还是追加肌理效果处理，表现手法多样，注意画面的整体感，见图 6-39。

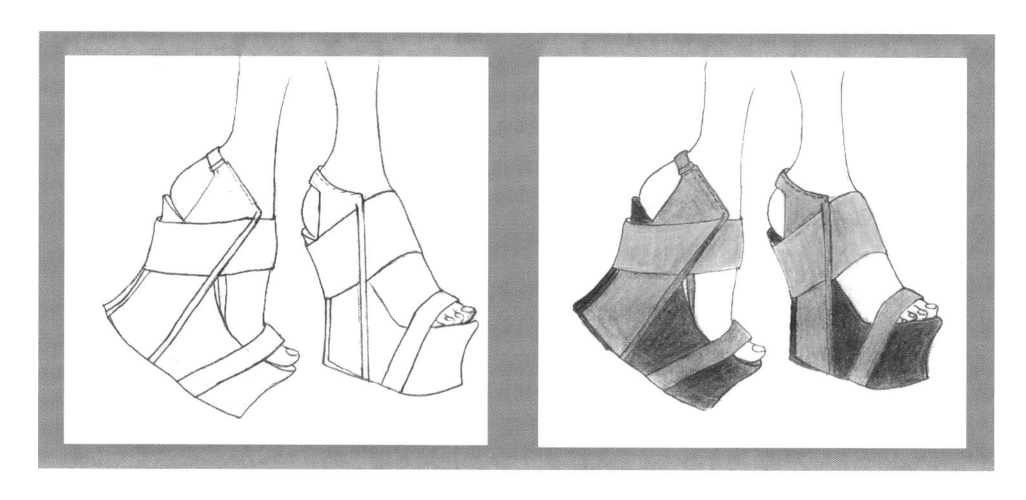

图 6-39　松糕鞋的设计表达

5. 高跟凉鞋

高跟凉鞋表现力强，由于有较为醒目的毛状装饰物在前面点缀，鞋子后跟上的着色需注意与之呼应。在细节上，如鞋带上的扣眼等处理，需表达清楚，以丰富鞋子的层次感，见图 6-40。

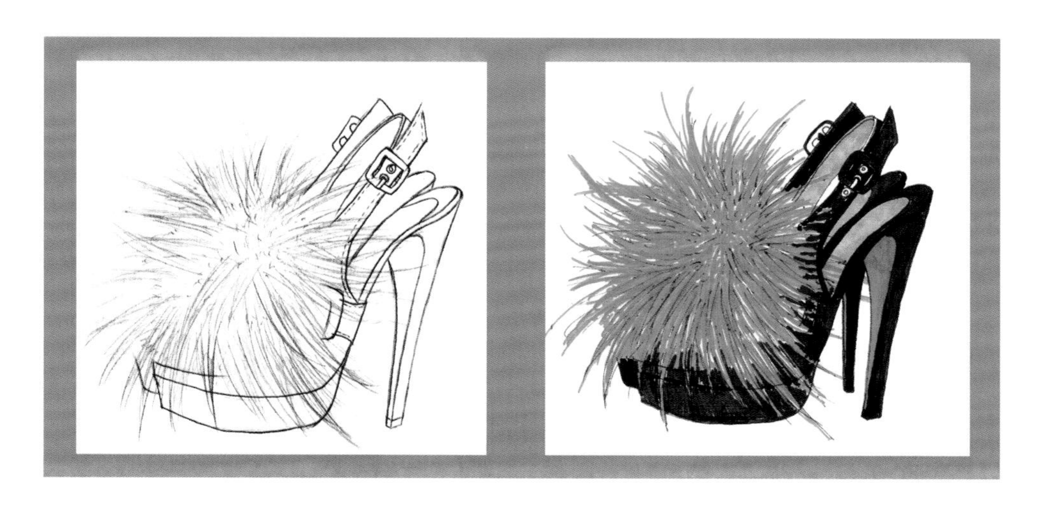

图 6-40　高跟凉鞋设计表达

思考与练习

1. 实现服装面料表达的方法有哪些？
2. 运用同种款式进行不同面料填充的练习。
3. 选择不同面料，结合不同款式进行设计组合。

第七章 服装设计表达的综合表现技法

课题名称：服装设计表达的综合表现技法

课题内容：休闲装的表现技法

针织服装的表现技法

女士礼服的表现技法

个性风格服饰的表现技法

课题时间：12 课时

教学方式：图片、多媒体讲授、课堂讨论

教学目的：1. 通过教学，使学生初步了解服装的类型，并进一步提升学生的服装设计表达能力，学会综合运用各种不同计法表达自己的设计意图。

2. 使学生能够对服装类型有一定的了解；并使学生能对不同服装类型有一定的设计表达能力。

课前准备：准备不同的特种纸和绘画工具，提前预订机房，装好相应的绘画软件。

一张完整的服装设计效果图是需要多方面的元素整合完成的。其造型、色彩、面料质感的表现，以及面部的塑造等每个环节都将影响着整体效果的完美与否。

第一节 休闲装的表现技法

休闲装的定义很广，涵盖了家居装、运动装、便装等广泛领域，使其除了正规场合之外无所不及。既可兼顾功能性、时装性，又可只表达功能性，或者单纯表现流行元素。依风格可划分为：前卫、自然、浪漫、运动、民俗等，各风格之间没有绝对的界限。

一、运动装表现技法

运动装的设计表达重点在于对运动性能的阐释上，以图 7-1 为例来逐步解析。图 7-1 运动装在设计上选用优良的功能性材质以保证人体的舒适度，加入细节上的功能性设计以及独特的色彩搭配。在配饰上，更多地倾向于现代感、强设计感、动感的运动装备。

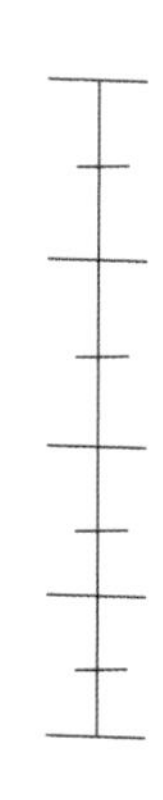

（a）确定人体中心线及肩、胯关系

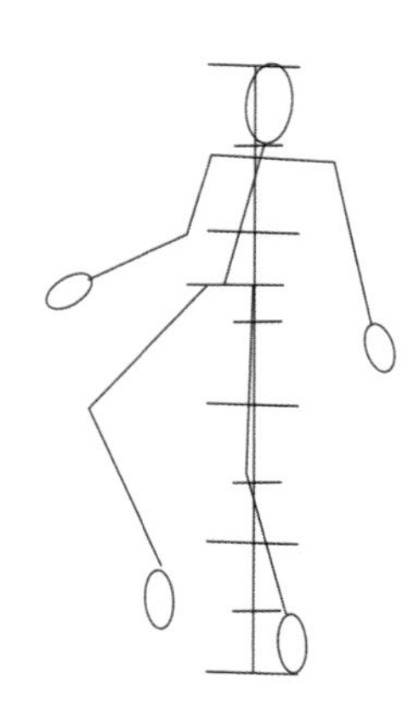

（b）画出人体躯干呈S形节奏变换的动态线，以此画出人体的动态

（c）根据人体动态绘制出具体的服装结构款式细节和相应的配饰

（d）画出上装的衣帽造型，线条要利落漂亮

（e）画出肩部等相应的褶皱线，线条要明朗，注意线条的疏密变化

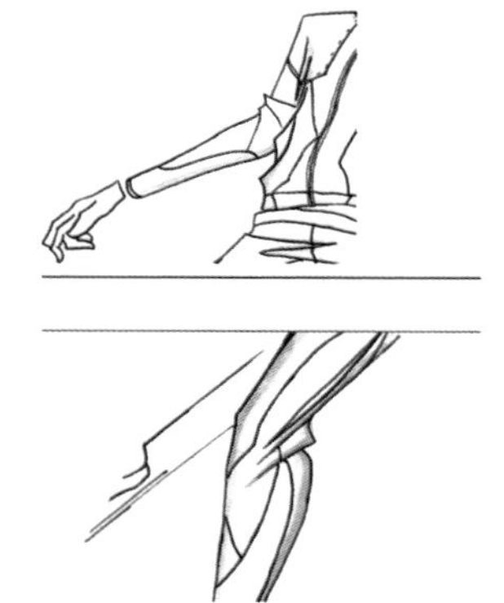

（f）画出上身的动态比例，处理好关节转折处

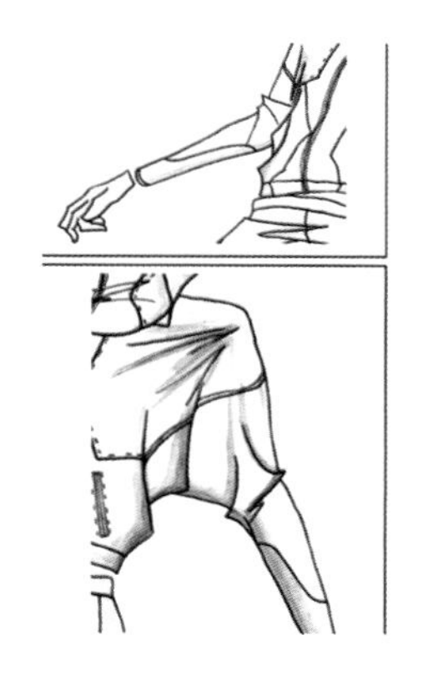

（g）画出手臂动态

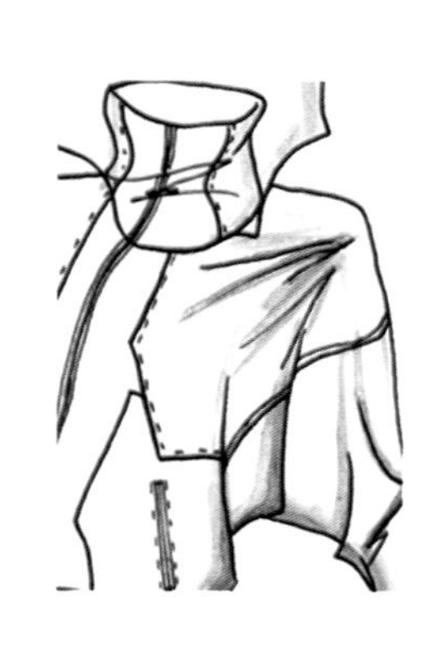

（h）完成细节上的结构

（i）画出裤子，根据动态画出褶皱

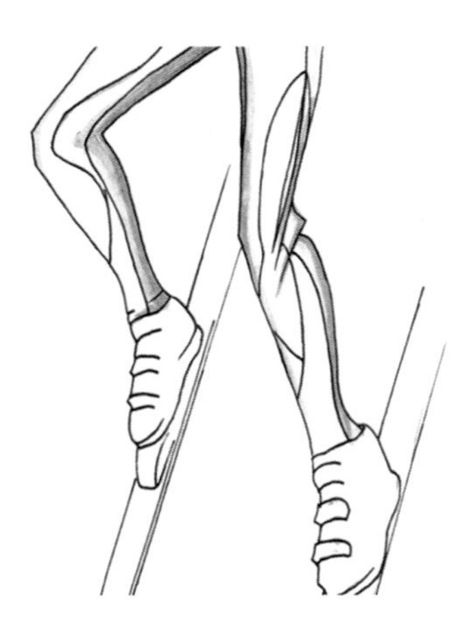

（j）画出鞋子，注意透视及动态比例关系

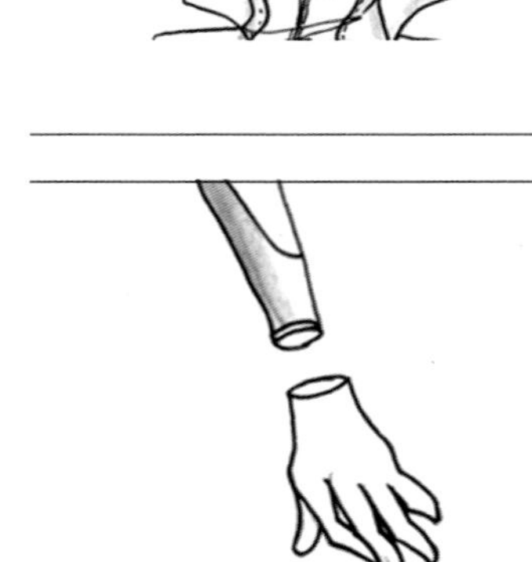

（k）添加相应的配饰，烘托整体效果图风格

（l）调整整体感觉，铺一层灰色阴影在相应部位

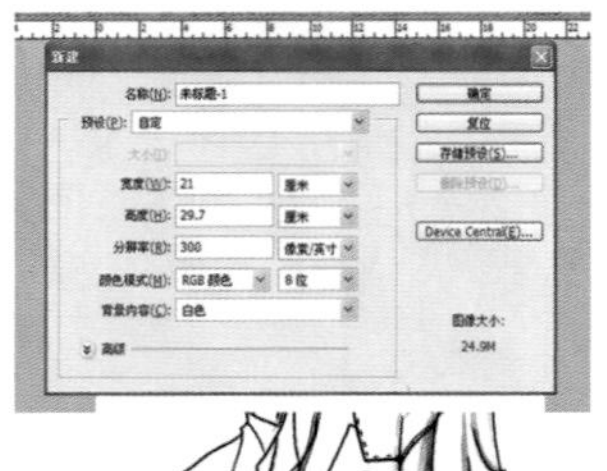

（m）将整体分层线稿文件设置为高 29.7cm、宽 21cm、分辨率为 300 像素 / 英寸

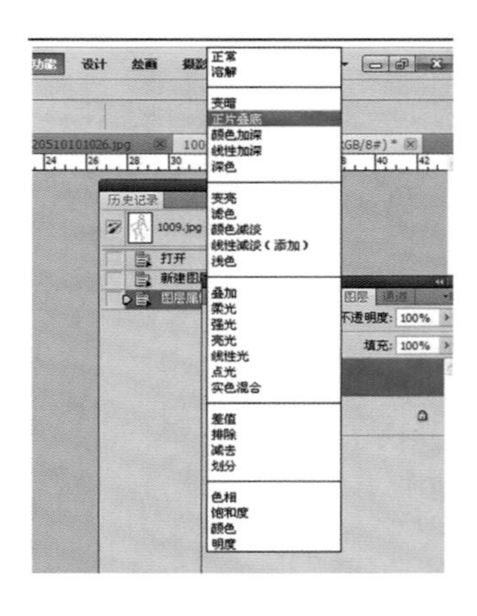

（n）新建图层，将此图层命名为外套，混合模式设定为正片叠底

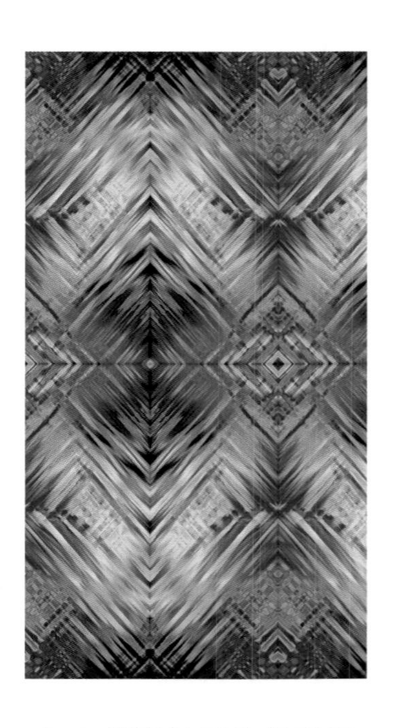

（o）将设计好的花型素材导入 Photoshop，通过液化命令，根据整体的动态做相应的调整

（p）利用加深和减淡工具在线稿褶皱处画出明暗关系

（q）填充衣身与裤子上的相同色并绘制出关系

（r）配饰部分上色，进行相应的比例调整并表现出明暗关系

（s）完善整体细节

（t）强调结构和缝迹线，丰富画面效果

（u）在衣身白色处加入灰色阴影，并绘制出高光

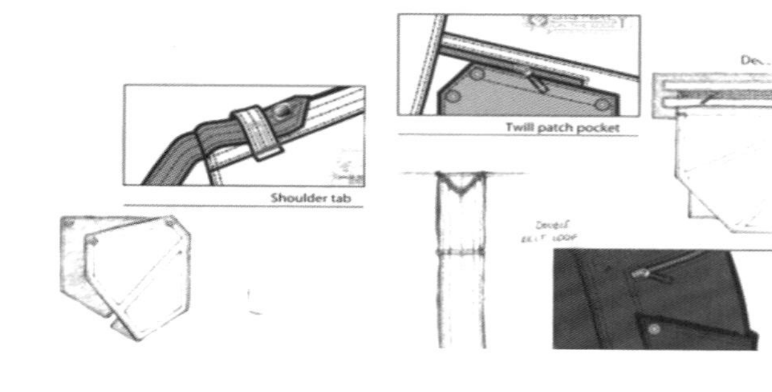

（v）制作符合整个服装效果图风格的背景并进行相应的排版，以加强和呼应服装的主题

（w）整体效果展示，背景和配饰的加入强化了效果图的风格化和整体性，更好地衬托了主题

图 7-1　运动装设计表达

二、男休闲装表现技法

休闲装的搭配很随意，无论街头风格还是运动风格等，都可以搭配组合。人们衣着价值观的转变导致了设计理念和色彩运用的改变，不仅仅局限于和谐的、优美的、传统的色彩，而是试图在有限的范围内进行无限拓展的多样化色彩。图 7-2 的实例打破了传统男装中一味沉闷的色调，用较夸张的手法绘制出新颖、流畅的造型。

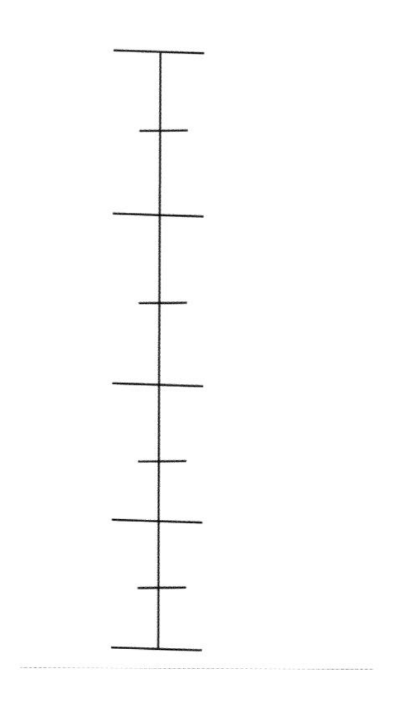

（a）确定人体的中心线及肩、胯关系

（b）画出人体躯干呈 S 形节奏变化的动态线，以此画出人体的动态

（c）根据人体动态绘制出具体的服装结构款式细节和相应的配饰

（d）强调相应的结构线迹，并丰富整体

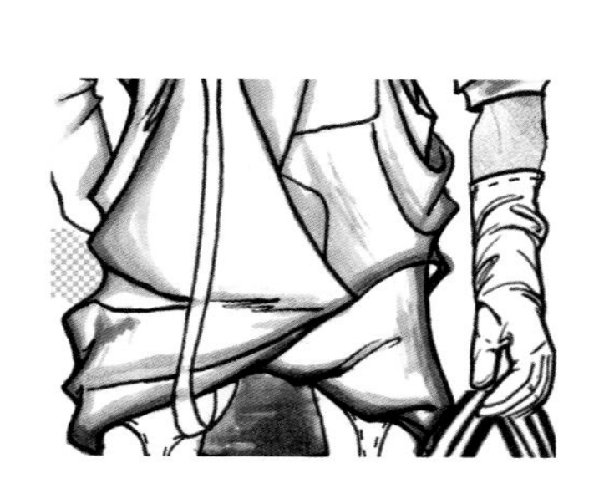

（e）画出相应的褶皱线，线条要明朗，注意线条的疏密变化

（f）画出人体的皮肤色并处理好明暗关系

（g）画出鞋子，注意透视及动态比例关系

（h）添加相应的配饰，烘托整体风格

（i）调整整体的感觉，铺一层灰色的阴影于相应的部位

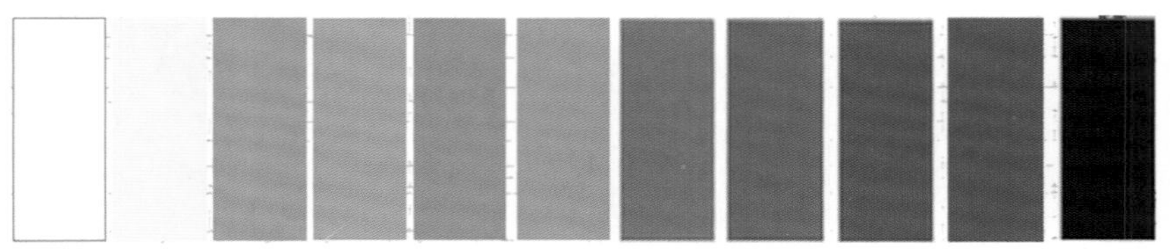

（j）根据当季的流行趋势，做出相应的色彩搭配

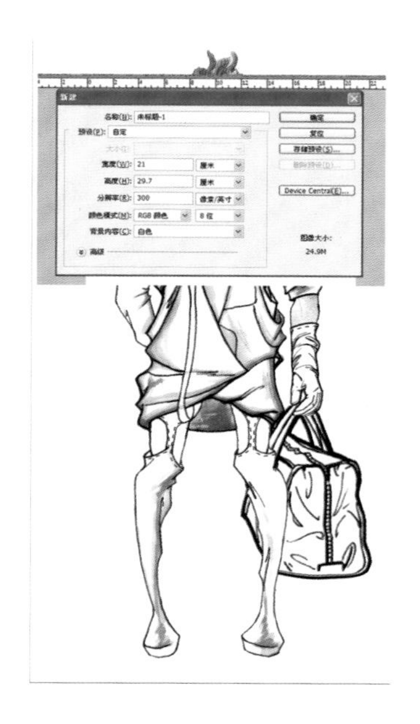

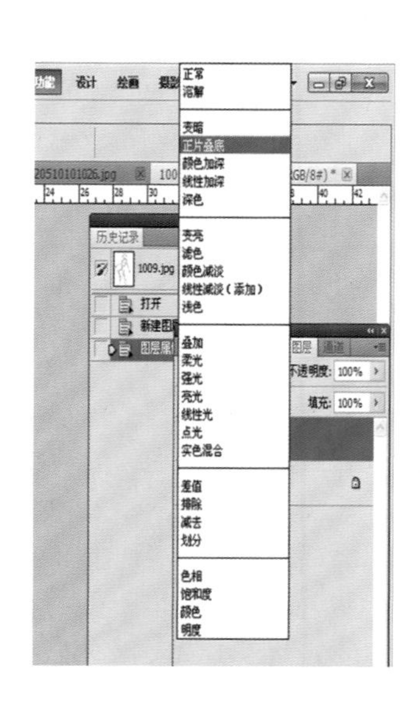

（k）将整体分层线稿文件设置为高 29.7cm、宽 21cm 分辨率为 300 像素 / 英寸

（l）新建图层，将此图层命名为外套，混合模式设定为正片叠底

（m）新建选取对不同选区进行填色，同时要注意色块比例大小

（n）导入不同质感的面料，进行选区选择并形成面料质感对比

（o）利用加深、减淡工具在线稿褶皱处画出明暗关系

（p）对配饰部分上色，进行相应的比例调整并表现出明暗关系

（q）完善整体细节后，制作与服装画风格相符的背景并进行相应的排版，以加强和呼应服装的主题。简单大方的背景可以更好地衬托主题

图 7-2 男休闲装设计表达

三、女休闲装表现技法

作为时装设计主流的女装，在设计潮流的更新速度和尝试方向上更是瞬息万变，迎合时代风潮并从流行文化中吸收养分。图 7-3 中的例子主要表现的是面料的晕染，和服装氛围的营造。

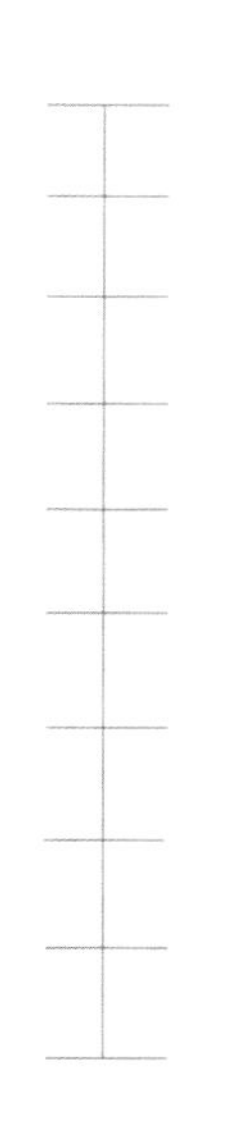

（a）画出垂直线，确定头身比例

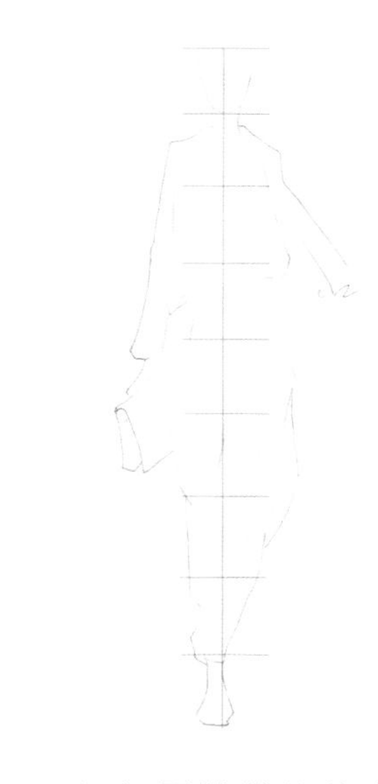

（b）用简单的线条确定人物动态

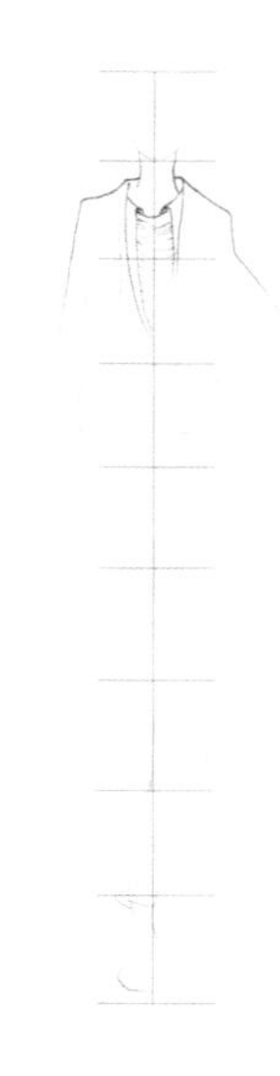

（c）根据草图描出线稿

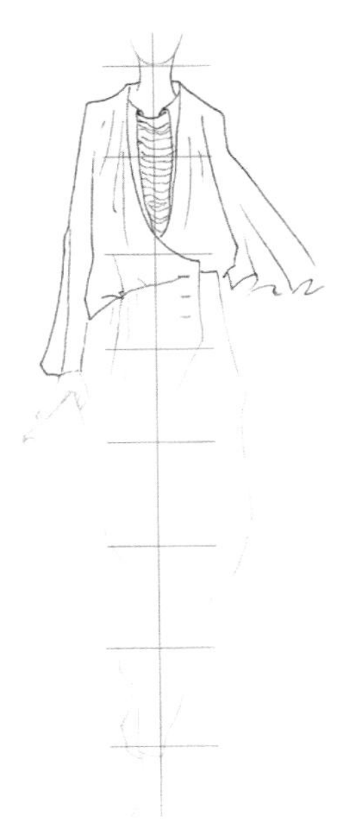

（d）描出上衣外轮廓，线条明了清晰

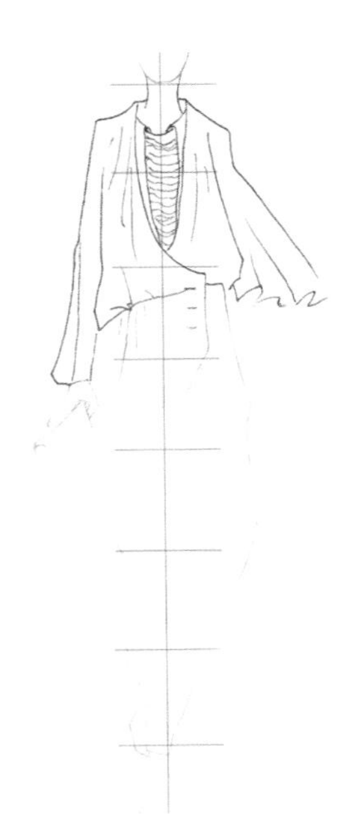

（e）一定要注意在动态的作用下衣服产生的褶皱变化

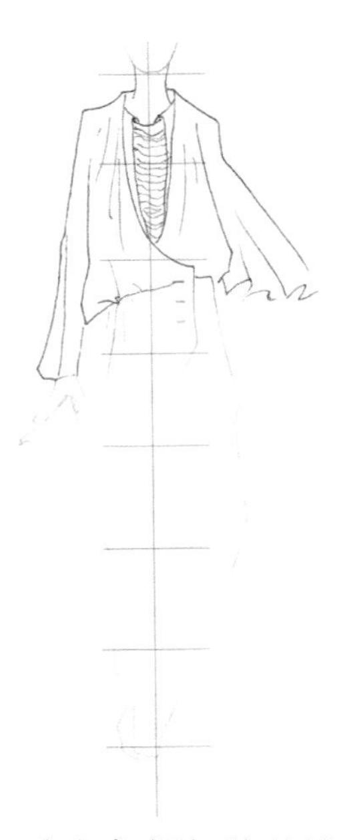

（f）把握好膝盖处的变化和前后脚的透视关系

(g) 描绘出面部轮廓

(h) 添加五官，注意阴影处的表现

(i) 描绘出头发，注意使头发蓬松有质感

(j) 添加上简单的妆容以表现出人物形象

(k) 分步骤上色

(l) 注意表现上衣的垂感以及麻质面料的质感

(m) 连体裤选用墨蓝色，表现出水墨晕染的感觉

(n) 注重连体裤的整体色彩，注意裤子的悬垂感表达

（o）加重眼部妆容

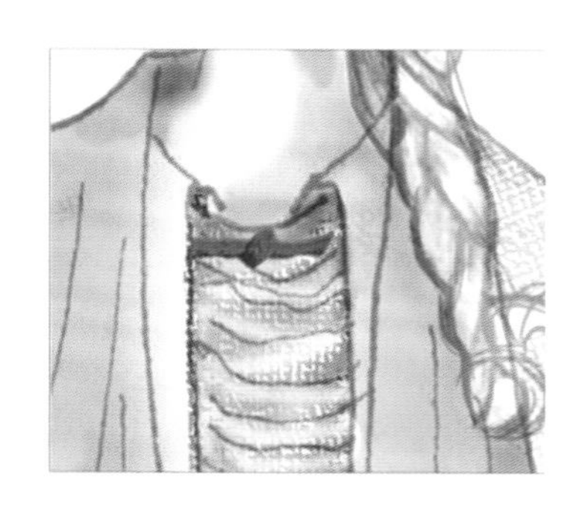

（p）增加细节表现，添加装饰扣

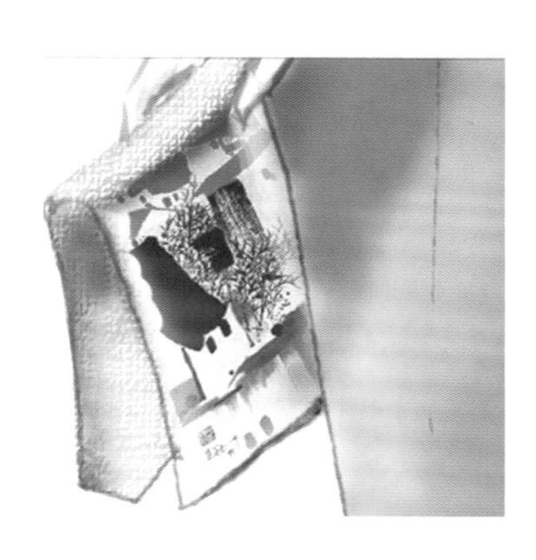

（q）绘制出手包上的图案

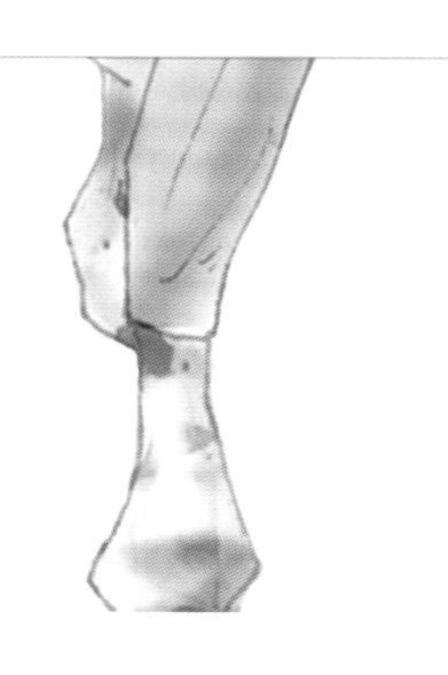

（r）通过色彩和阴影抽象化表现鞋子

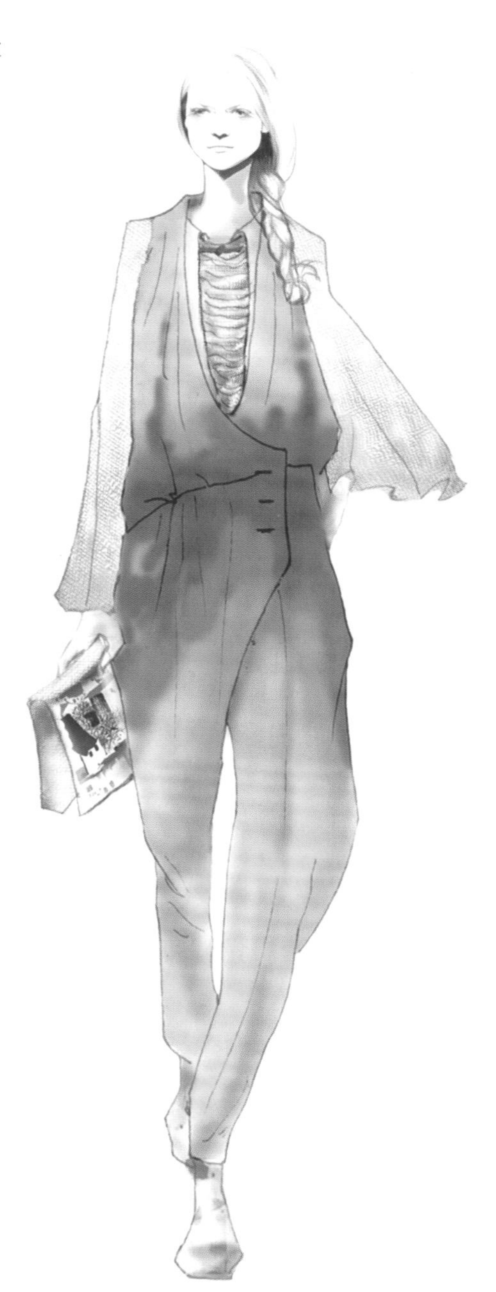

（s）整体完善

（t）完善整体细节后，制作与服装画风格相符的背景并进行相应的排版，以加强和呼应服装的主题

图 7-3 女休闲装的表现技法

第二节　针织服装的表现技法

针织服装包括用针织面料制作和针织方法直接编织成形的服装，分为经编和纬编两大类。针织服装发展的主要特点是针织内衣外衣化、针织毛衫时装化、户外服装多样化、针织服装绿色化。此款案例选用针织方法直接编织成形，注重服装外轮廓的设计，其表现技法如图 7-4 所示。

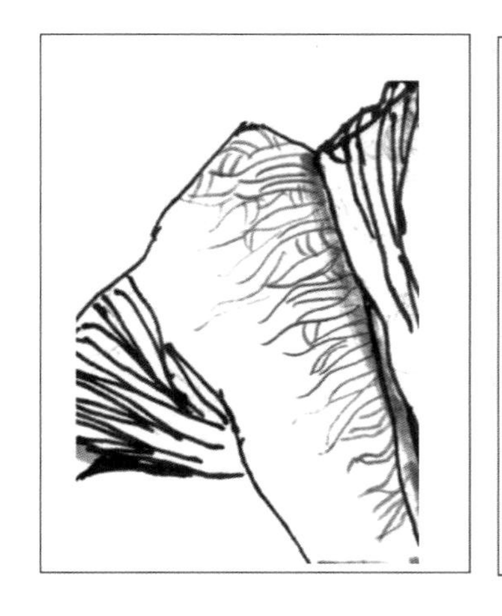

（a）勾画线稿

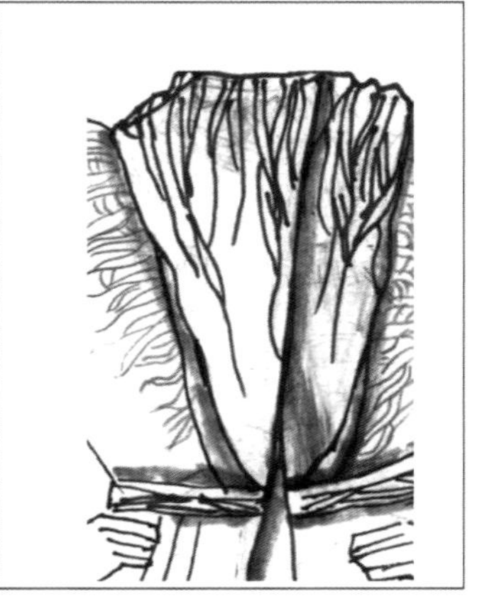

（b）注意整体衣身线条的疏密变化

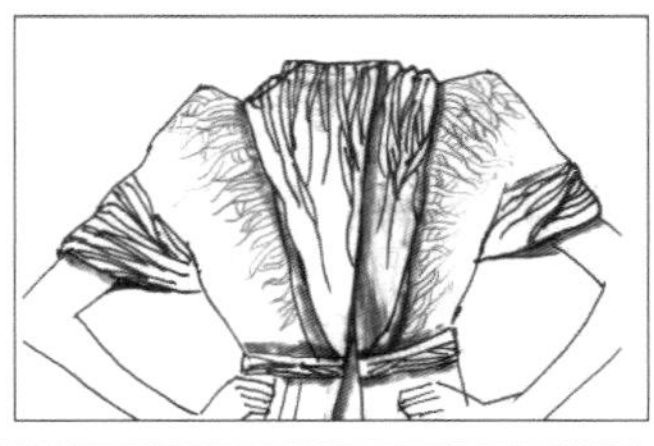

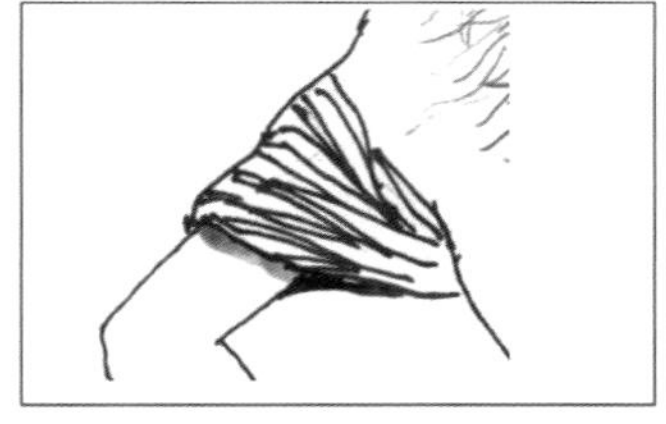

（c）完成细部刻画

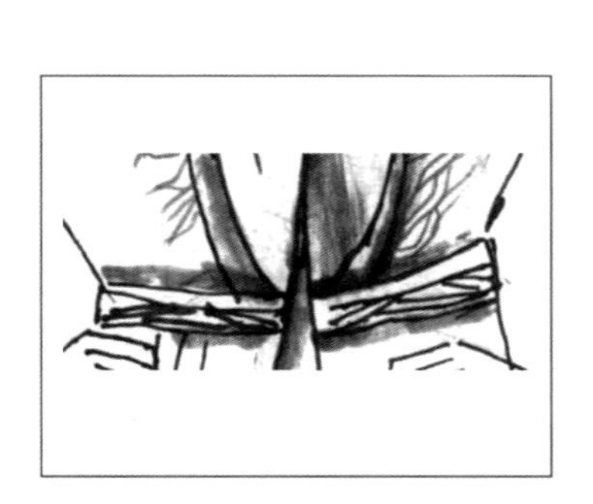

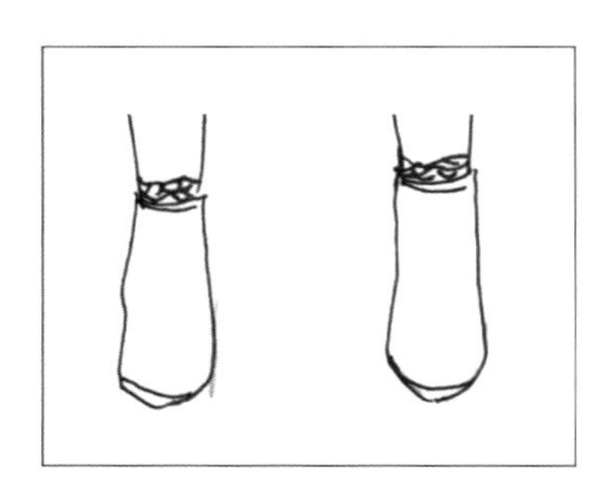

（d）注意腰身和脚部的简单刻画

（e）完成线稿

（f）为了使画面效果达到最佳状态，可以选择匹配的人物形象

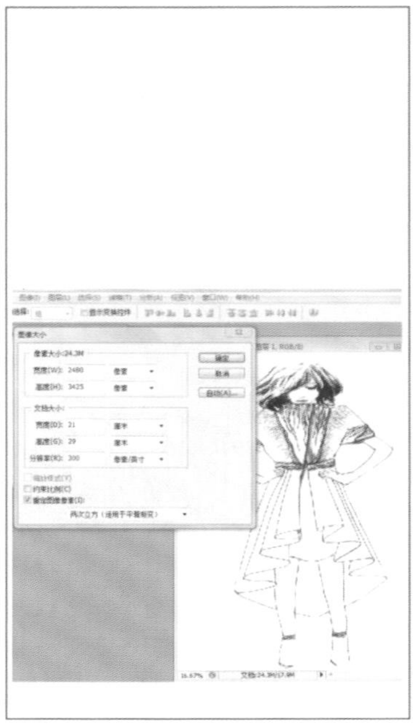

（g）调整头部大小直至和服装本身达到协调

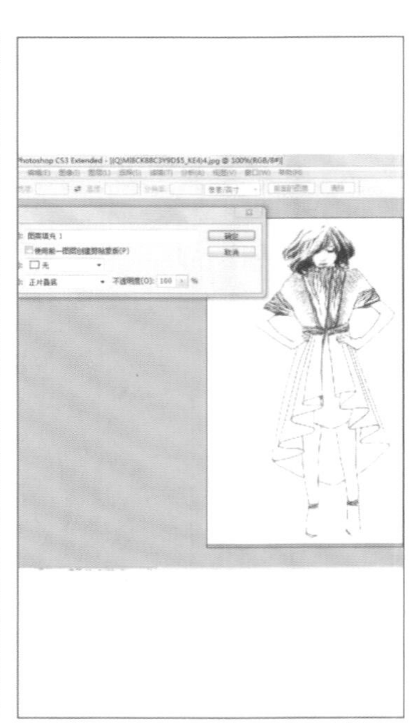

（h）新建选区命名为图案填充 1，进行填色，设定为正片叠底

（i）利用加深、减淡工具在线稿褶皱处画出明暗关系

（j）将找好的针织素材导入 Photoshop。根据整体的动态做相应的调整

（k）进行整体调整并表现出明暗关系

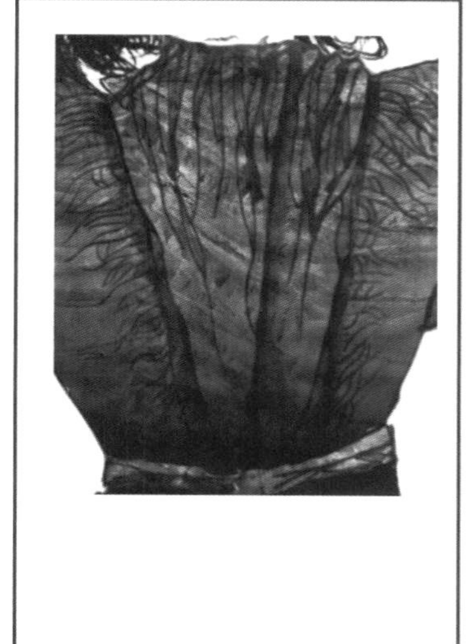

（l）强调纹理丰富画面效果

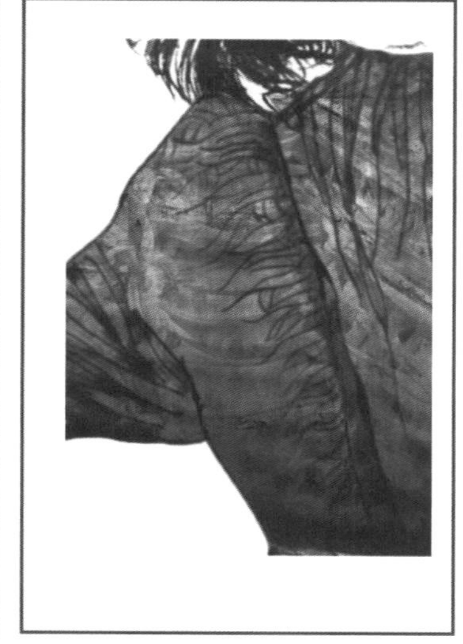

（m）完善细节

（n）整体调整和完善

（o）选择适合的背景图案

（p）完善整体细节后，添加合适背景，烘托画面效果

图 7-4 针织服装表现技法

第三节　女士礼服的表现技法

女士礼服通常是作为重要社交场合的着装，由于其应用场合的特殊性，既要保留传统，又要在设计上有所突破。主要以奢华、高雅、独具一格为目的。由于女士礼服的一些共同元素，在设计表达过程中要求注重裙褶、荷叶边、雪纺丝绸等轻薄面料以及水钻亮片等的表现（图7-5）。

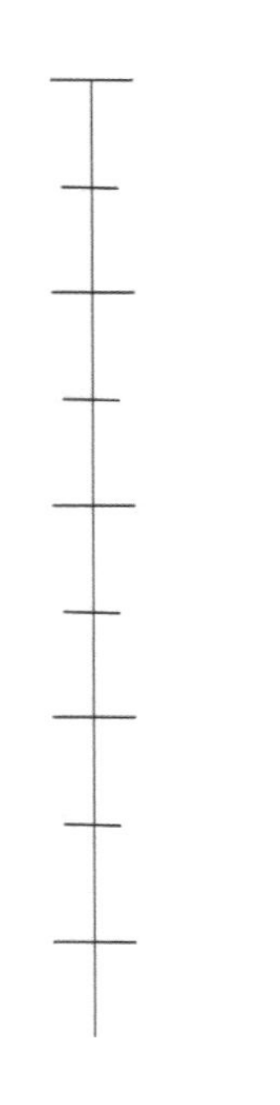

（a）画出垂直线，确定头身比例

（b）用动态线确定人物动态

（c）根据人物形态画出人物结构和衣服款式的草图

（d）描绘出面部轮廓

（e）添加五官

（f）描绘出头发飘逸顺畅的效果

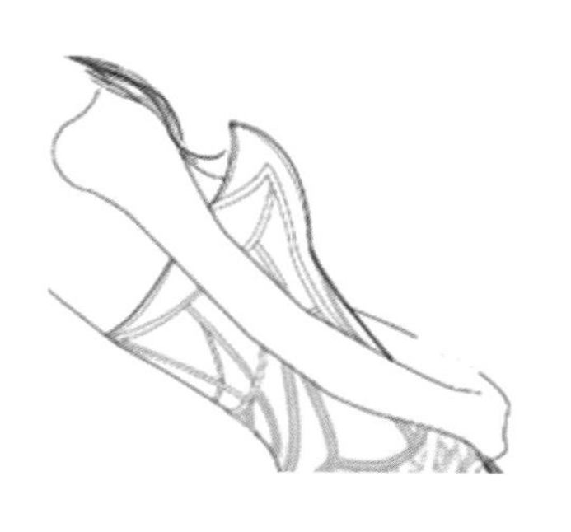

(g)根据草图描绘线稿

(h)注意线条的穿插及胳膊的姿势

(i)注意臂部立体感的表现

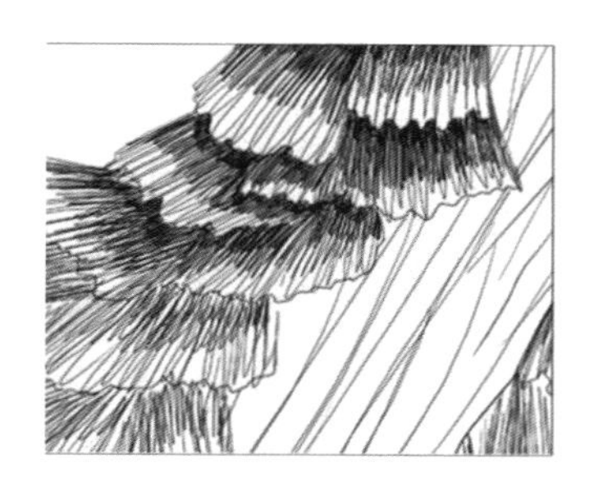

(j)层层叠叠堆积时阴影的变化

(k)注意服装在人体动态下产生的褶皱变化

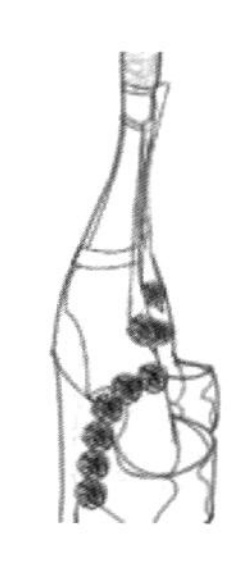

(l)描绘出鞋子，注意前后透视关系

(m)分步骤上色

(n)皮肤选用肉色

(o)裙摆选择蓝色，上色时应注意深浅的变化

（p）细化面部五官

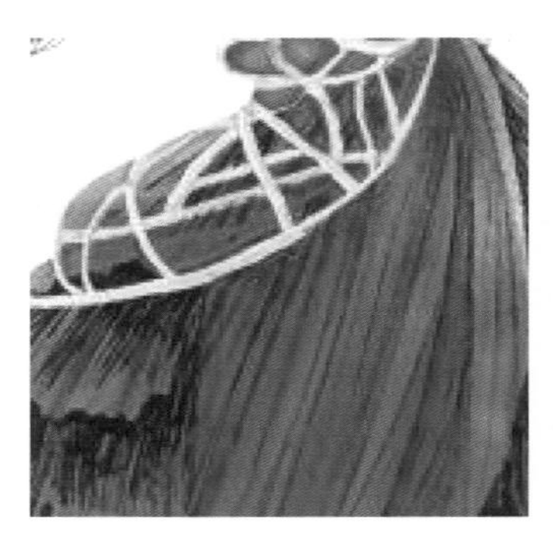

（q）注意整体上下关系的变化

（r）裙摆进一步上色以突出明暗关系

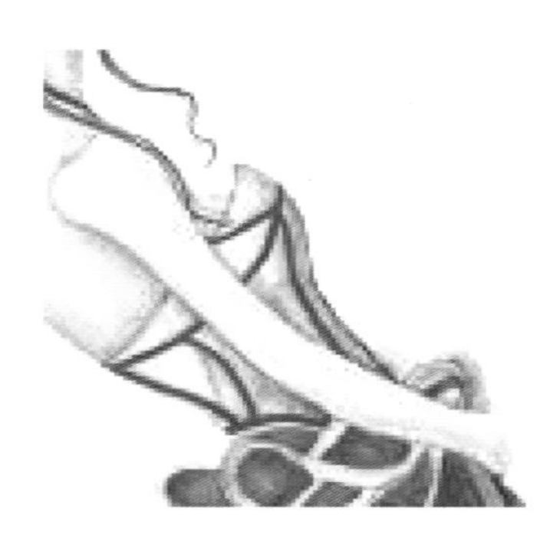

（s）简单表现上半身色彩

（t）注意腰部造型及细节的刻画

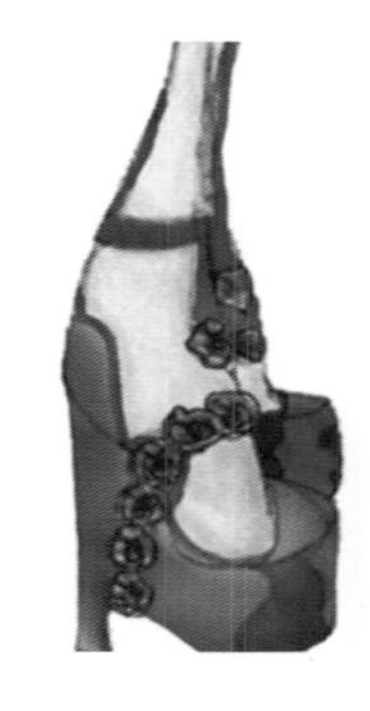

（u）细致鞋子刻画

（v）完成

（w）完善整体细节后，添加主题背景

图 7-5　女士礼服的表现技法

第四节 个性风格服饰的表现技法

一、装饰性服装设计表达

图 7-6 主要表现装饰性服装设计表达方式的步骤及细节，以及如何选择适合的人物形象与服装搭配从而达到比较好的意境效果。

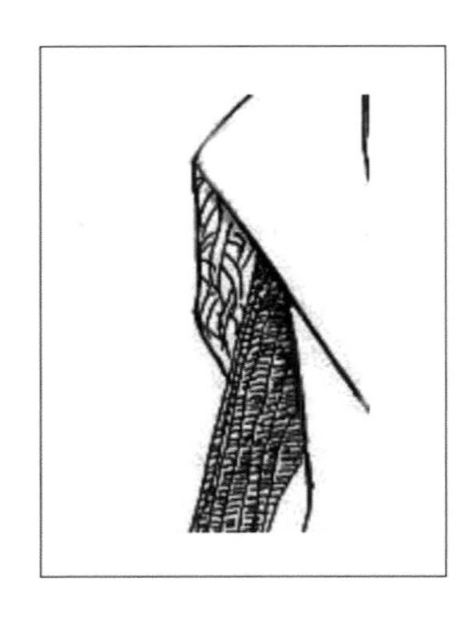

（a）画出肩部细节

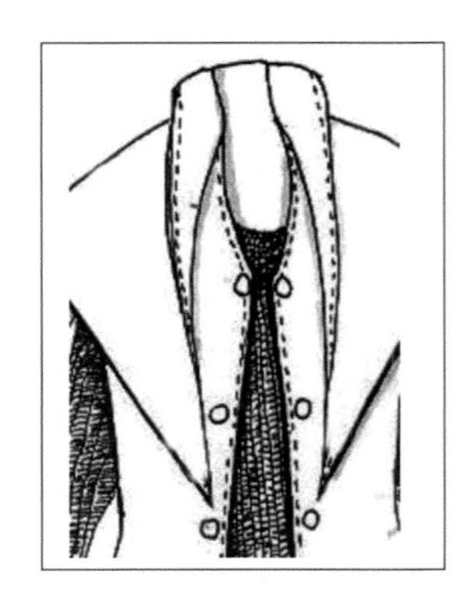

（b）清晰地画出相应褶皱线

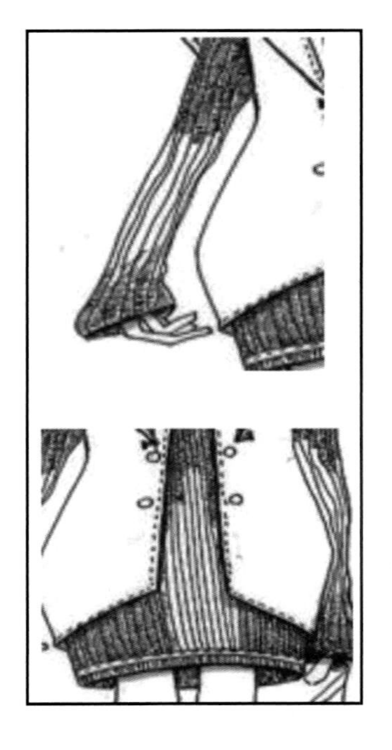

（c）画出下半部分结构及细节

（d）调整腿部和衣服下摆的关系

（e）完成线稿

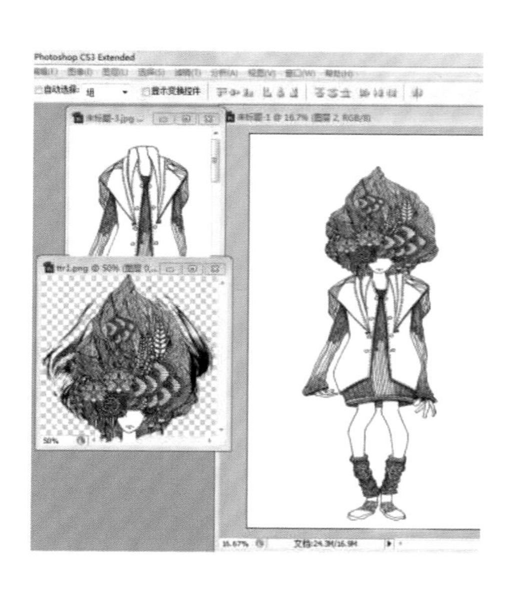

（f）为了更好的表现服装整体设计效果，找到合适的头部进行组合

（g）调整填充好的效果

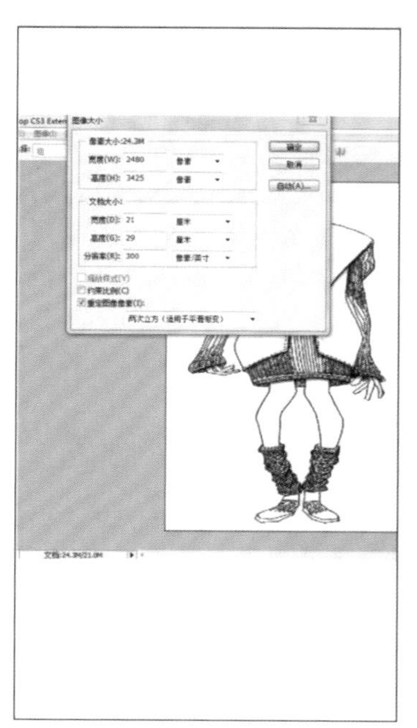

（h）将整体文件设置为高 29cm、宽 21cm、分辨率为 300 像素 / 厘米

（i）将设计好的花型素材导入 Photoshop 中

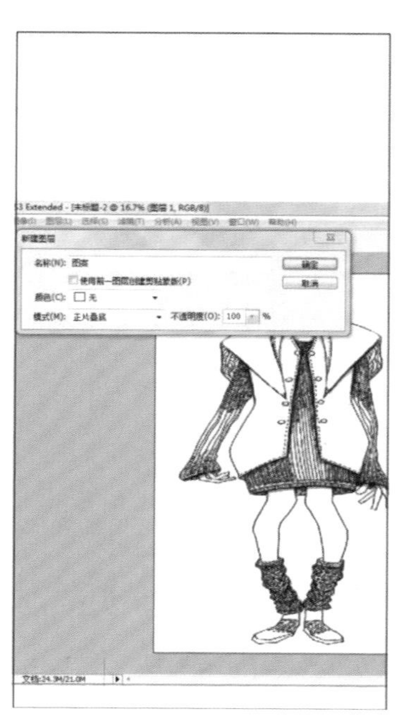

（j）新建填充图形，设置成正片叠底模式

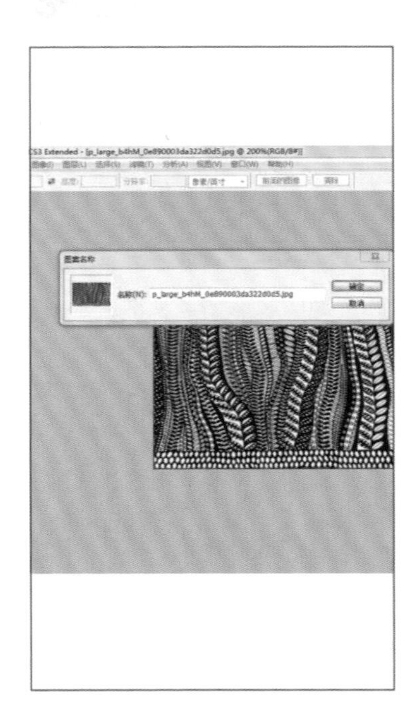

（k）导入肌理纹样，并填充人物头部效果

（l）对填充效果做减淡处理

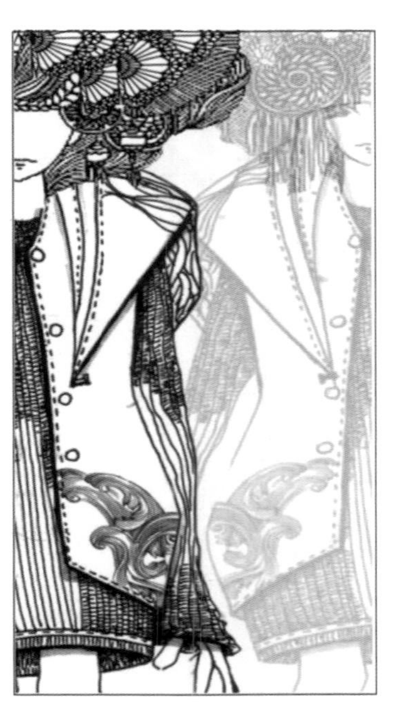

（m）简单绘制出背景阴影

（n）制作符合整个服装效果图风格的背景并进行相应的排版，以加强和呼应服装的主题

（o）整体效果展示，添加符合意境的背景

图 7-6　装饰性服饰表现技法

二、蕾丝及图案纹样服装设计表达

图 7–7 主要表现袜子的破坏处理和蕾丝面料的服装设计表现，以及棉服上的图案纹样的综合表达。

（a）在 Photoshop 绘制过程中，每画一部位，都要新建一层，用 Photoshop 画图一定要利用好图册打开一张已扫描画好的线稿，格式 Jpg 的文件，设置为高 29.7cm、宽 21cm、分辨率为 300 像素 / 厘米

（b）新建一层，把次图层命名为“皮肤”，用油漆桶工具给皮肤上颜色，混合模式设定为正片叠底

（c）用套索工具选取需要上色的部分

（d）新建一个图层，命名为头发，混合模式设定为正片叠底

（e）用画笔工具画上喜欢的头发颜色，利用减淡和加深工具画出头发的明暗关系。头发边缘用涂抹工具涂抹，使之有飘动的感觉

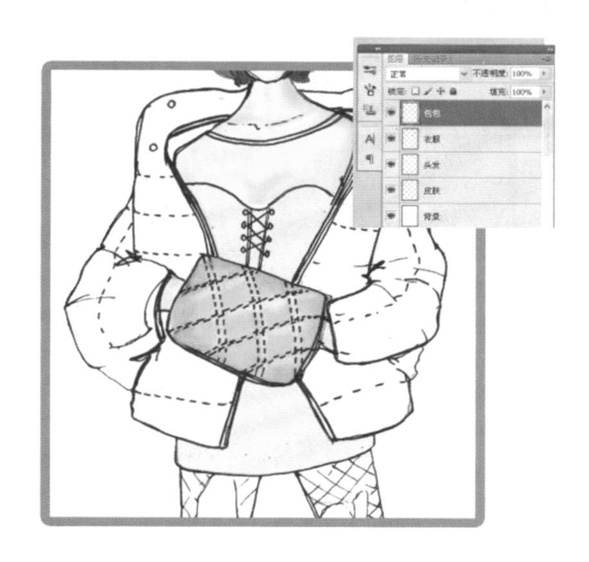

（f）新建一个图层命名为衣服，混合模式设为正片叠底，先在背景层用魔术棒工具选取衣服，然后回到衣服层，填入喜欢的图案或颜色

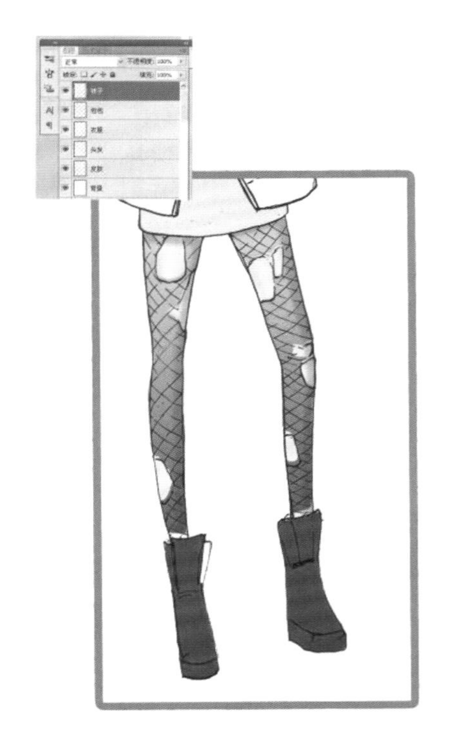

（g）新建一个图层，命名为袜子，混合模式设定为正片叠底。用简便工具为袜子上色

（h）导入准备好的一张矢量图，命名为蕾丝

（i）把你所喜欢的部分用套索工具选中，按住 Ctrl+Shift+I(反选)，再按 Backspace 键，这样多余的部分就可以删掉。选择要填充的部分，新建图层命名为透明蕾丝上衣，填充你喜欢的颜色并且调整透明度

（j）然后利用加深和减淡工具把皮肤的明暗关系画出来

（k）导入准备好的一张矢量图，命名为彩色图片

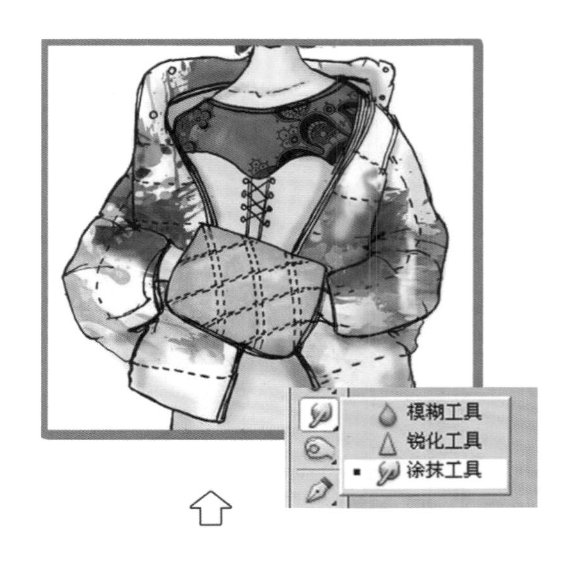

（l）同样把你所喜欢的部分用套索工具选中，按住 Ctrl+Shift+I(反选)，再按 Backspace 键，这样多余的部分就可以删掉

（m）完成效果

图 7-7　蕾丝服装表现技法

三、图形在设计表达中的运用

图 7-8 详细解析了每个步骤的绘制细节，阐述了设计师如何将自己设计好的图形运用在自己的设计初稿中，从而表达出特殊的艺术效果。

（a）简单勾画出服装的整体廓形

（b）简单刻画出服装的明暗关系。把整个人体平涂上一层黑色，以突出服装结构

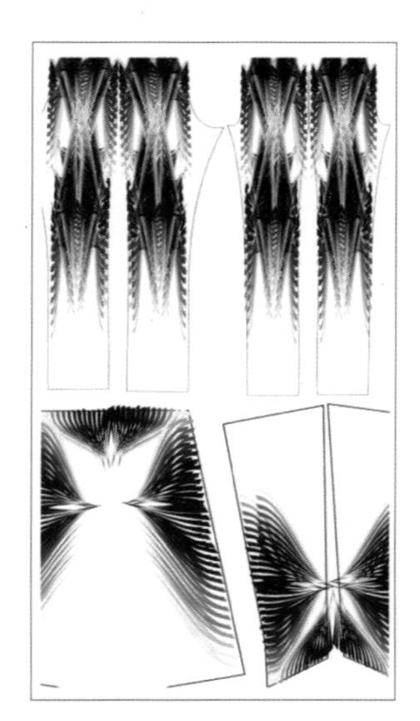

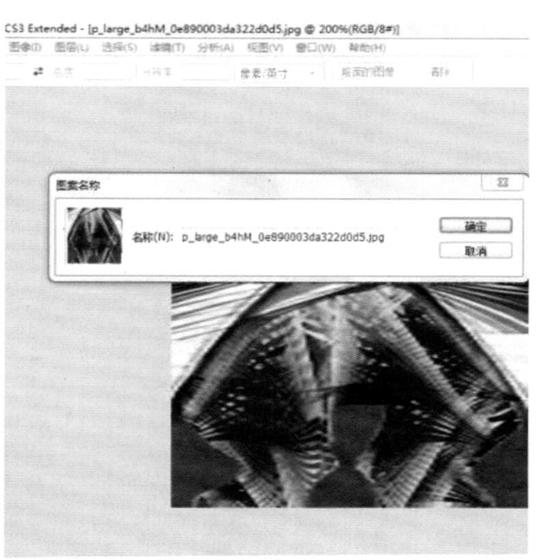

（c）将设计好的图型素材导入Photoshop中并定义图形

（d）强调结构及缝迹线以丰富画面效果

（e）完善整体细节

（f）添加符合意境的背景

图 7-8　图形表现

四、朋克风格服饰的表现技法

图 7–9 通过详细的绘制步骤图解析了朋克风格服饰设计表达技法的细节及重点，主要突出表现气眼、铆钉的质感，以及面料质感相互之间的对比效果。

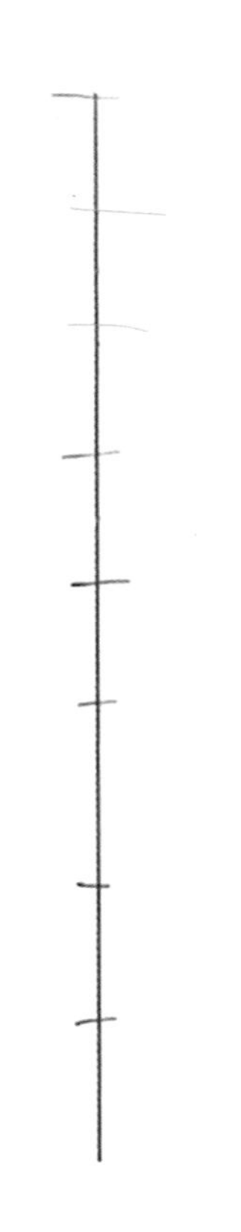

（a）画出垂直线，确定头身比例

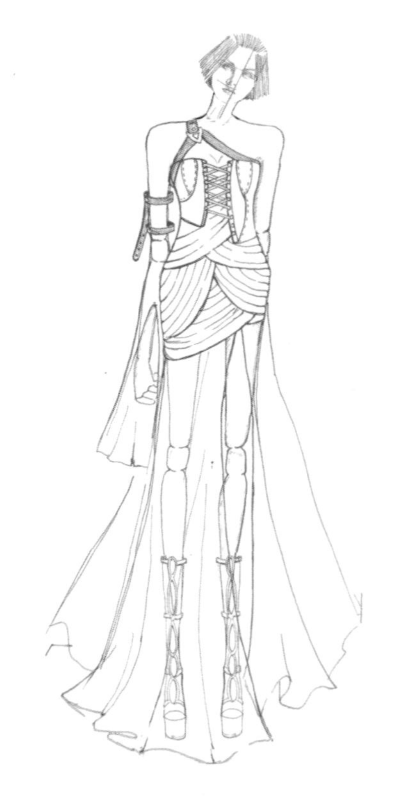

（b）根据人物形态画出人物结构和衣服款式的草图

（c）描绘出面部轮廓

（d）添加五官

（e）用顺畅的线条描绘出飘逸头发

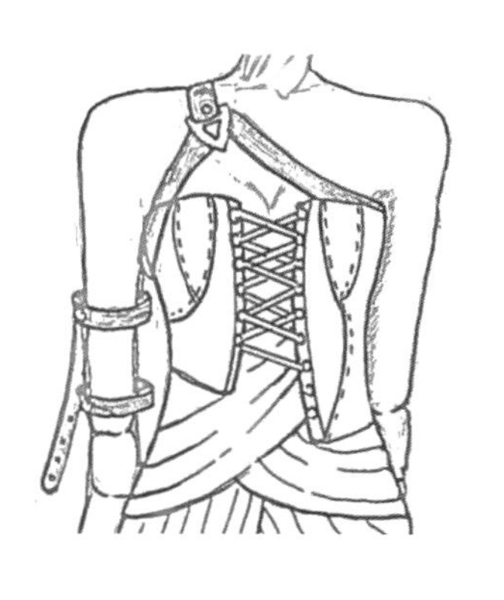

（f）根据草图描绘线稿

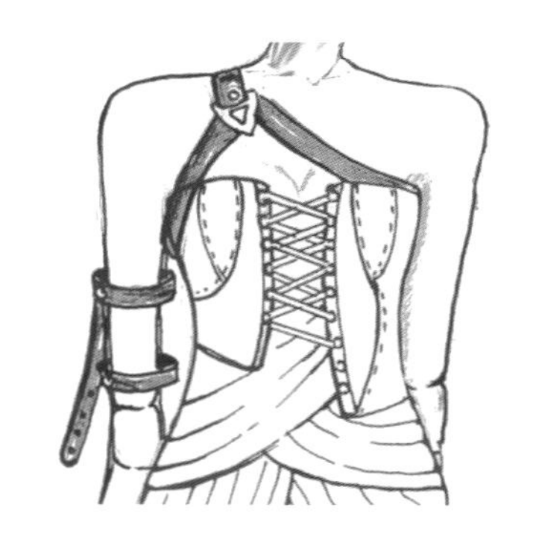

（g）描绘出服装细部造型

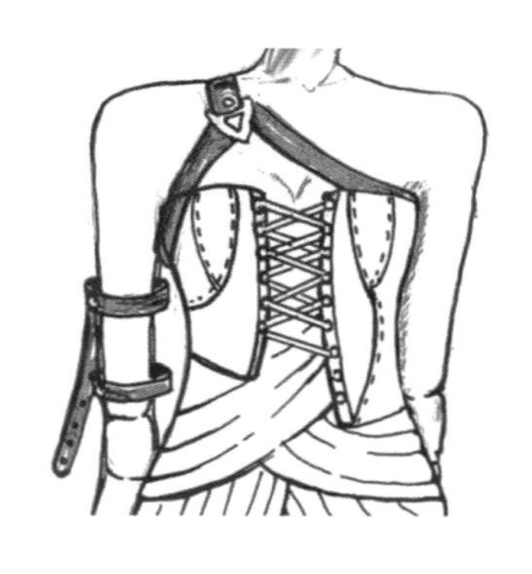

（h）描绘服装层次的表现

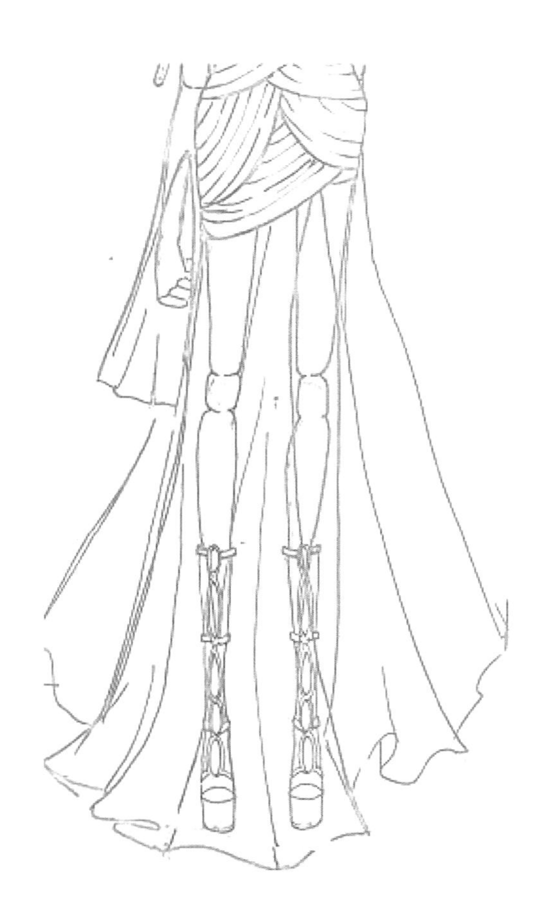

（i）绘制服装在人体动态下产生的褶皱变化

（j）深入刻画褶皱线条

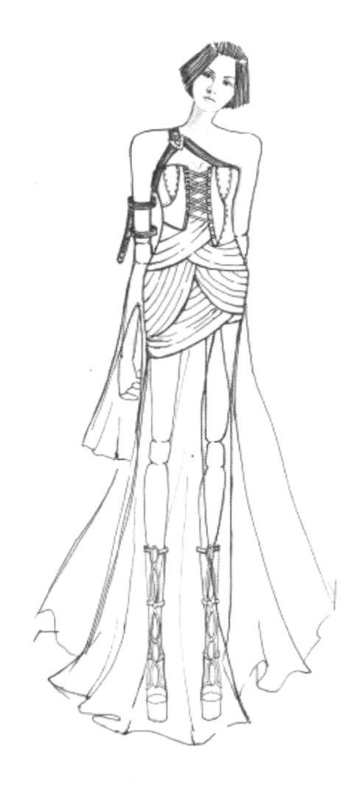

（k）完成线稿

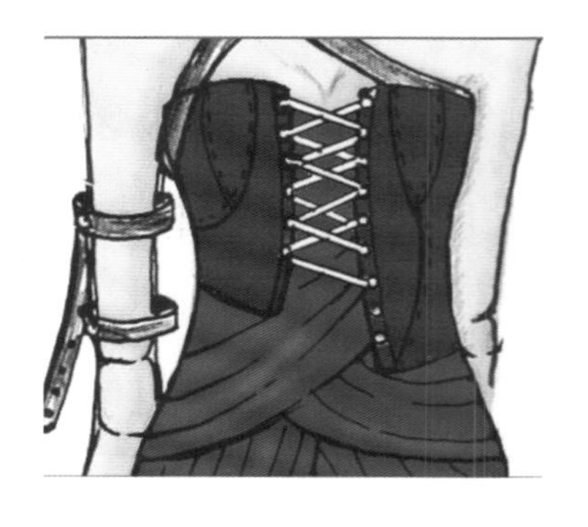

（l）衣身选择黑色上色时应注意颜色深浅的变化

（m）分步骤上色

（n）皮肤选用肉色

（o）初步着色表现

（p）刻画裙子下摆黑色纱的透明度

（q）补充细节

（r）绘制铆钉，并沿着结构线均匀排列在服装上

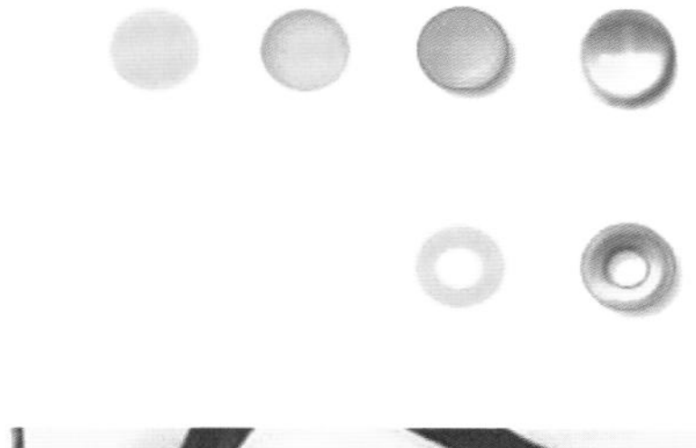

（s）着色完成

（t）制作出与服装相符合的背景

图 7-9 朋克风格服饰表现技法

思考与练习

综合运用服装设计表达手法，设计 5 款不同风格特色的服装款式。

第八章 服装设计表达综合实例

课题名称：综合实例

课题内容：服装设计表达到实践的综合实例

设计流程表现

课题时间：4课时

教学方式：图片、多媒体讲授、课后练习

教学目的：1. 通过对综合实例的展示与分析，让学生了解服装设计表达的流程及效果图在整个设计中的作用。

2. 使学生能将效果图与设计结合认识。

课前准备：准备资料，选择适当主题吸引学生进行思考

第一节 成衣设计的表达与实践

一、成衣设计的表达与实践

成衣设计的表达离不开设计方案的制定，从制定方案，到勾画草图，再到定稿图的筛选和面料小样的制作，到成衣最终成型，是设计由最初构思到最后成品的一个完整流程的展示。在每个环节中，既相互影响，又有相对独立的技法和展示方式。作为一个专业设计者，既要熟练掌握每个环节，又需在每一步骤中考虑到相互衔接和可实现性。图8-1中，设计的效果图和款式围绕一个主题进行延伸变化，以褶为主要元素在结构上发生变化是此设计的主要特点。在图8-2中，

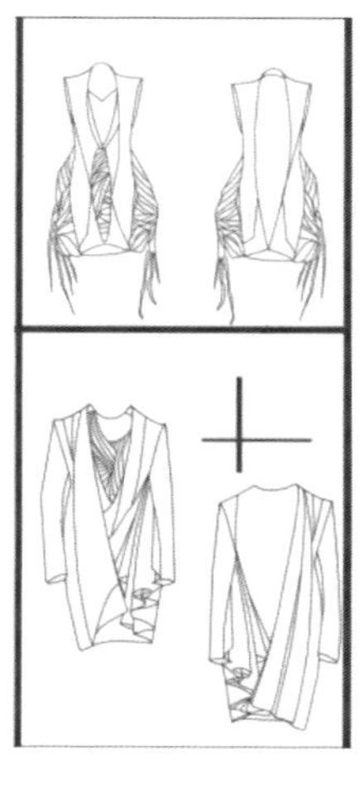
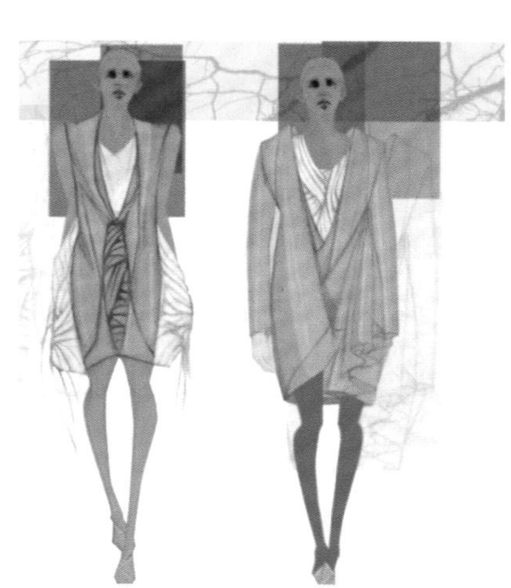

图8-1 效果图表达

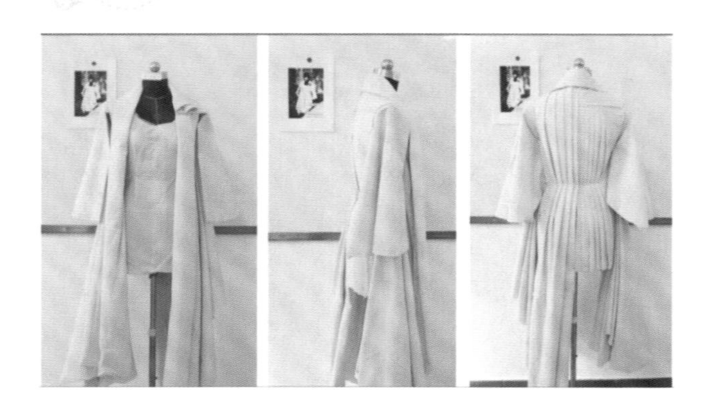

根据图 8-1 中对褶皱的设计，进行立体裁剪实践，在实践过程中设计思路不断被激发，又以实物的形式顺延设计出其系列款式三。可以说，实践环节不但有效地检验了设计效果，同时，也可有效地进一步拓展设计思路。

图 8-2 成衣实践

二、实例一——女装设计

此实例为“COCOON 杯中国国际女装设计师大奖赛”优秀奖，设计者：孙灿，指导老师：王蕾。

1. 主题提案的确定

通过市场调研、资料分析等过程，在进入设计环节时，通常要做的功课就是制订主题提案，见图 8-3。方案的提交离不开款式细节、面料预测、色彩搭配等元素，并通过各种元素的组合，最终明确主题，细化风格，锁定设计主题的目标顾客群。现在的设计大赛越来越注重方案的提交，如在各服装高校较具影响力的“新人奖”、“COCOON 杯中国国际女装设计师大奖赛”等，都需提交设计方案。这种方案是对设计者理论与前瞻性设计分析能力的考核。

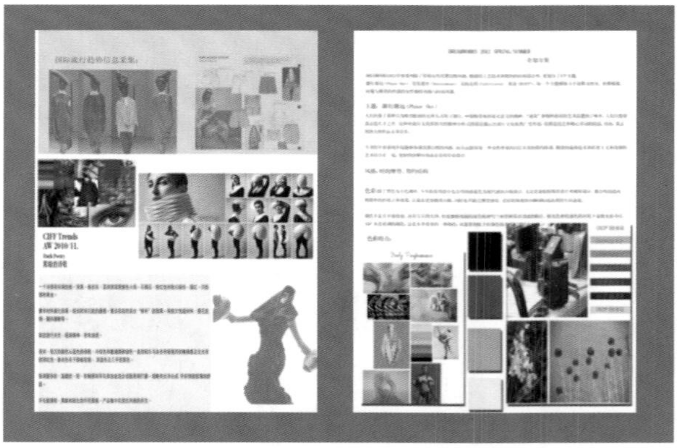

图 8-3 主题提案

2. 设计初稿与系列方案的确定

确定设计方案后，围绕其设计主题进行草图绘制，在绘制过程中要保持风格的清晰，在设计不断完善、思路不断拓展的过程中，要注意设计的系列性体现。如图 8-4 所示，该设计以呢子为主题面料，同时和针织面料相结合，呢子采用德国灰调调颜色，做成褶皱重复效果，针织与呢子反复穿插，体现服装的立体效果。此系列共设计二十余款草图，经过筛选，最终定下如图 8-4

图 8-4 草图设计

的五款草图。

3. 效果图表达

草图确定后，最终要靠效果图来完善和美化，以在传达设计构思过程中，增加艺术感染力，有效传递设计信息。如图 8-5 的绘制，即先将图 8-4 的草图进行扫描，然后在 Photoshop 里进行提炼线稿与着色环节，最后添加背景，以此完成了整个效果图的绘制工作。此系列效果图特点为手绘加机绘，运用 Photoshop 软件，将人体复制，并重点描绘褶皱的阴影效果，最后在背影上统一进行光影渐变，最终得到统一感强、细节又富于变化的效果。

图 8-5　效果图表达

4. 系列服装设计的表达到实践

后期成衣的实践环节可变因素极多，将平面的效果图转化为三维的实物，要经历面料的选择组合、结构的实现及缝制工艺等环节，这期间相关实操人员的交流大都依靠款式图。详尽准确的款式图可清楚地传达设计意图（图 8-6、图 8-7）。

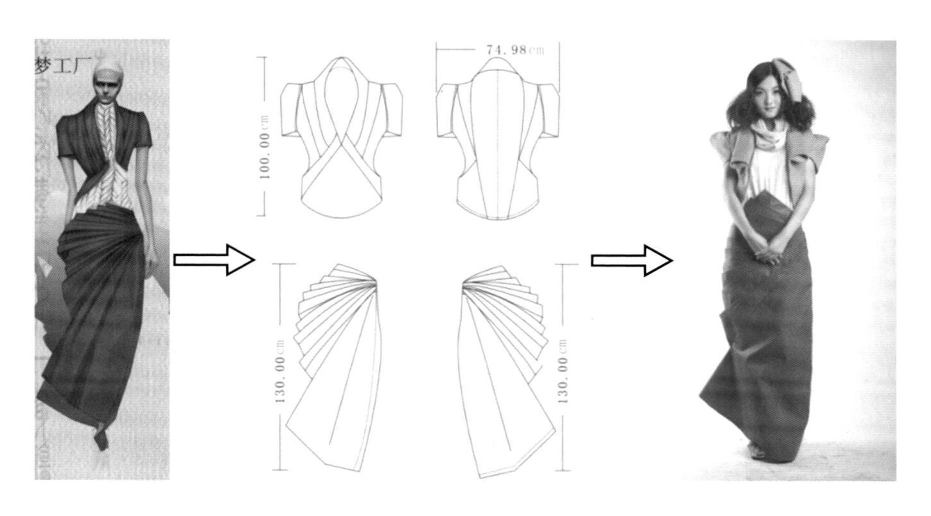

图 8-6　设计表达流程一

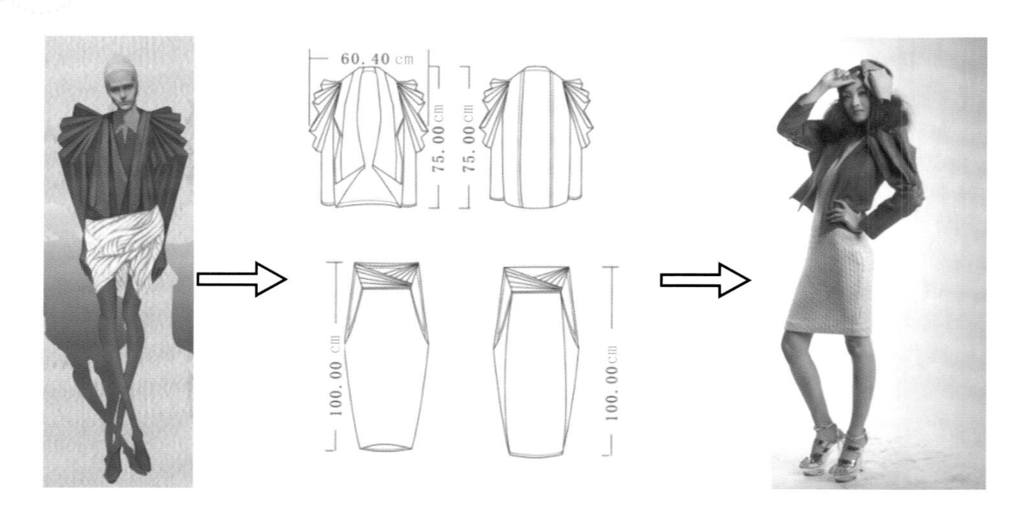

图 8-7 设计表达流程二

成衣的实践过程，在遵循效果图的设计特点上，也有一定的再设计空间。不同材质及面料的厚薄往往无法精准地体现在效果图上，另外效果图的艺术性处理可以掩饰很多实际问题。因此，在成衣实践过程中，除了精良的做工与遵循原稿外，实际的调整和再组合也很重要。如图 8-6、图 8-7 所示，其效果图中上衣的褶与裙褶通过线条的粗细处理巧妙艺术化，但在实际成衣实验中，满身的褶使服装造型松散臃肿，后经过针织面料的收身效果处理，和夸张肩部造型形成对比后视觉效果较好。

5. 成衣展示效果

如图 8-8 所示，该系列重在结构的变化和对褶皱的运用，服装的整体感强，在结构变化上有一定创新。在制作成衣过程中，从效果图转化过程中有较大变化，其中最明显的是用薄呢与皮毛将部分针织面料替换。服装在实现过程中反映出创作者试图将流行性、市场化等因素与设计艺术结合，但控制力欠佳，材料运用上稍显凌乱。

图 8-8 最终成衣展示效果

三、实例二——户外装设计

此系列为中原工学院亚太国际学院 08 级毕业设计作品，作者:张程，指导老师:杨晓艳。

1. 主题题案的确定

通过市场调研和对流行资讯的收集整理，制作出表达设计思想的主题题案（图 8-9）。设计师了解到“轻户外”首先倡导的是一种生活方式。今天的世界从个人到地球都不堪重负。生活太沉重，我们呼吁少一点“忙碌”，多一点“休闲”；心灵太沉重，我们呼吁少一点“压抑”，多一点“快乐”；地球太沉重，我们呼吁少一点“污染”，多一点“自然”。“为心灵减负，为地球减压”是轻户外理念的概括。图 8-9 的主题提案为尝试倡导通过轻简设计和轻质环保材料的运用，以应用创新为方向，围绕多功能人性化设计为中心，使消费者获得轻便的使用感受和轻松舒适的心情体验。介于“专业”与“休闲”市场之间,既注重功能品质，又注重人性化设计所带来的轻便轻松感受。

主题提案

主题名称：Dream_追梦

“轻户外”是当下较为流行的一种生活方式，体现了人们对于健康生活态度的追求和向往。随着社会与时代的发展，户外运动已由小群体的极限运动发展为更为大众的“轻户外”。

图 8-9　主题提案

2. 设计初稿和系列方案的确定

确定方案后，围绕其设计构思进行草图绘制。如图 8-10 所示，除了运用简单的纯色外，主要加入了 3D 花型设计，更加直观地表达出穿着的状态和面料色彩的对比，其融合了较为时尚的国际户外运动装备的发展潮流，以明快的色调拉动这个系列的感觉并以此来诠释主题“Dream_追梦”，同时表现出户外运动装备在兼具功能性的前提下，时尚、大气的一面。通过色彩的搭配显示出户外消费者对于梦想追求的不懈和坚持。添加的背景也表现了户外装严格的工艺特征。整个草图的设计系列感较强，并营造了新鲜、活跃的氛围，与“轻户外”的设计理念结合地很好。

图 8-10 方案提交

3. 平面款式图的绘制

这个环节很重要，因为这将是平面效果图转化成实物的关键“桥梁”。在绘制的过程中要注意服装的真实比例以及各部位的工艺和结构。如图 8-11 所示，设计师仔细地刻画了服装的各个分割线以及领口和帽型的细部设计，增强了帽子的稳定性与贴合性，门襟、拉链以及所有口袋的拉链口都有细部功能设计，腰部、袖口、裤口有强力束腰及束口的收紧调节设计等。

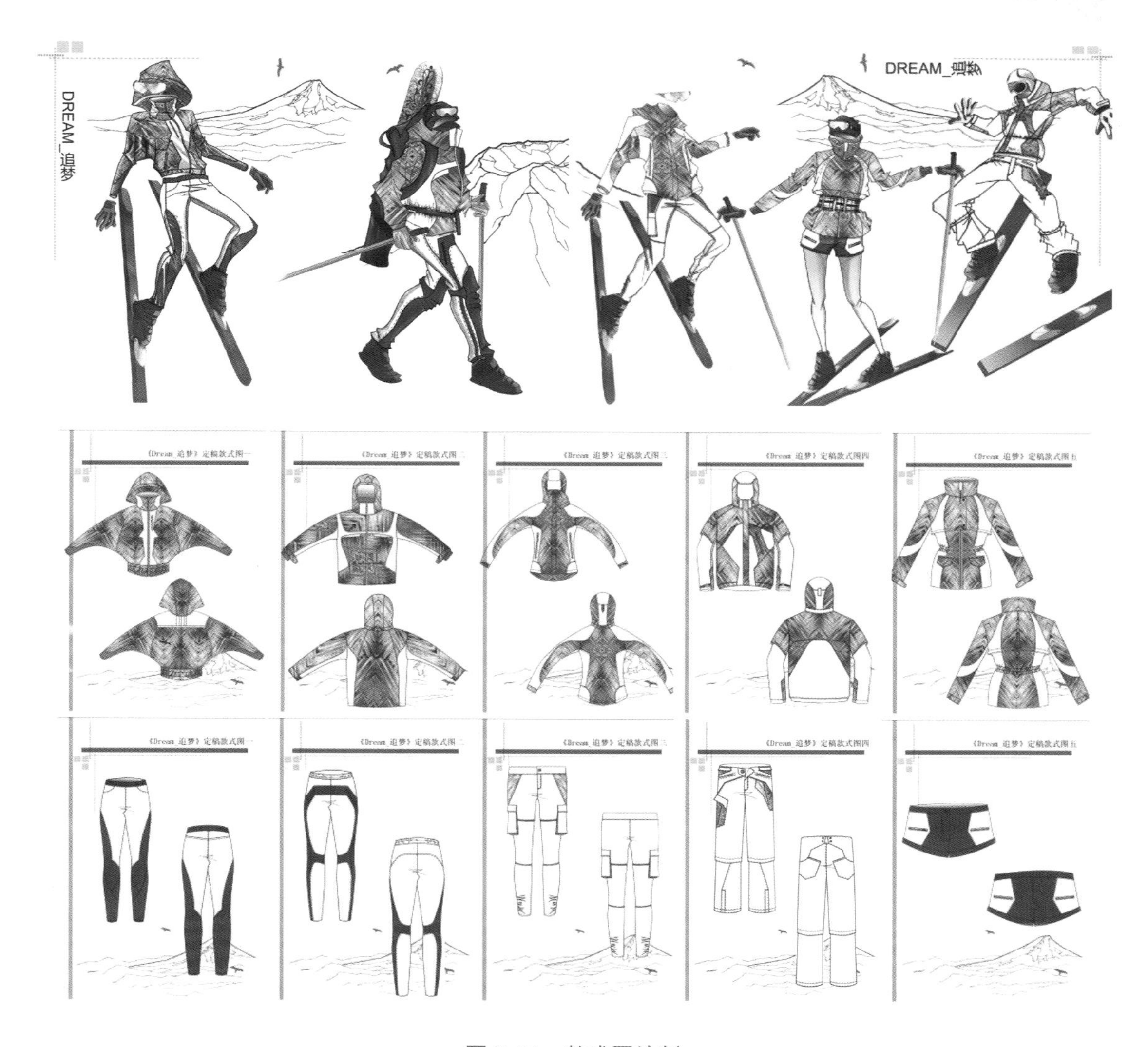

图 8-11　款式图绘制

4. 系列服装设计的表达到实践

系列服装设计表达实践的效果好坏除了检验服装本身有没有与最初效果图、设计思想吻合外，还可以结合设计特点制作与服装相衬托的气氛来增强作品美感（图 8-12）。

“Dream- 追梦”这一系列的服装，色彩比较丰富，与之前的整体效果图吻合度较高。很好地呈现出“轻户外”的设计思想。

整个印花设计在色调上既有变化，又有统一，既有对比，又有调和，同时又不失节奏与韵律的美感。面料印花处理具有丰富的色彩层次，明快的节奏感，通过色彩和花型的搭配彰显户外运动装备的动感魅力。

服装的整体结构比较丰富，多以曲线分割为主，为了实现简行的目标，多采用紧凑的剪裁方式，结构较为复杂，同时富有变化性，在保证运动功能的前提下，尽量体积小、重量轻，同时紧凑的剪裁可使服装在运动中减少摩擦。

整个背景雪山速写的处理对系列作品的艺术呈现起到了画龙点睛的作用。

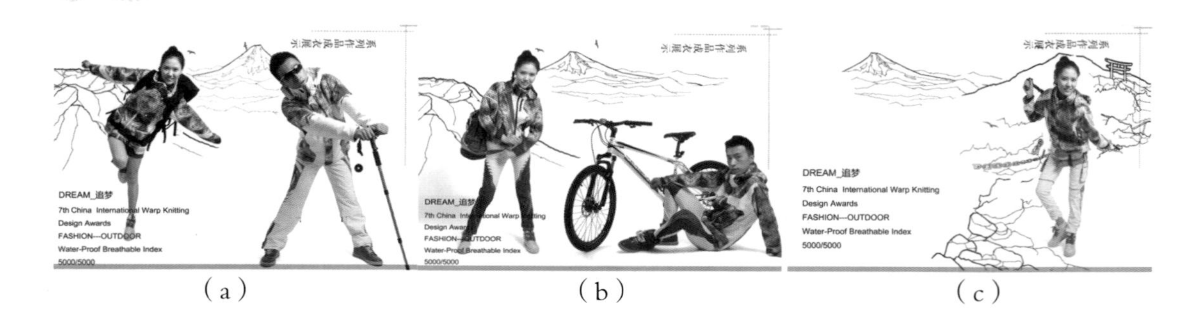

（a）（b）（c）

图 8-12

第二节 礼服设计的表达与实践

随着经济的发展，礼服设计日益为大众接受和重视。尤其是婚礼服，更是新人幸福的见证。礼服作为设计的一个种类，很能激发学生的想象力和创造激情，每年毕业设计的舞台上，礼服也总是独领风采。

一、实例一——“新月”系列礼服设计

1. 主题题案的确定

通过市场调研和对流行资讯的收集整理，制作出表达设计思想的主题题案（图 8–13）。设计师了解到：国外礼服已经发展到一个较为成熟的阶段，其发展已经由全面化到专业化，每年的两季时装周都会涌现出很多别出心裁的礼服，每一个品牌都有着自己独特的服装风格，并且每一季都对每季礼服定一个主题，对该主题赋予一个故事。而图 8–13 的设计灵感来自一个吉卜赛关于月亮的美丽传说——新月。

图 8–13 主题提案

设计灵感解析：时代在发展，社会结构在改变，人们的消费理念和生活追求都发生了深刻的变化，如何用一种服装文化来引导消费潮流，赋予服装一个特定的文化意义和社会象征，使得消费者得到某种心理上的满足。选择月亮作为设计灵感，是因为它是自然界的产物之一，其故事源远流长，意义深远，当月亮是新月时，姿态优美，引人遐想。

2. 系列方案的确定

确定方案后，围绕其设计构思进行草图绘制及系列方案的绘制。如图 8-14 所示，蓝色调营造得浓郁而又和谐，对服装的细部，如花边、百褶裙、裙摆的大量喷漆镂空处理等细节，和此系列所定义的巴洛克风格完美结合，表现了其追求一种繁复夸饰、富丽堂皇、气势宏大、富于动感的艺术境界。

图 8-14　效果图

设计灵感解析：设计灵感为婚礼服通过展现“月亮”这个主题形象，表现出女性柔美和富有内涵的特点，结合当季流行元素，不规则缠绕的华丽钻饰和珠饰，极具浪漫情怀的百褶裙，加上裙摆的大量喷漆镂空处理，闪耀着晶莹透亮的光芒，处处流露奢华与迷人的气质。

3. 系列服装设计的表达到实践

（1）面料小样见图 8-15。

① 珠光纱和婚纱缎主要表现服装的奢华。

② 大面积珠子和水钻的面料二次处理，突出表现了奢华与迷人的气质。

③ 纱的大量喷漆镂空处理闪耀着晶莹的光芒。

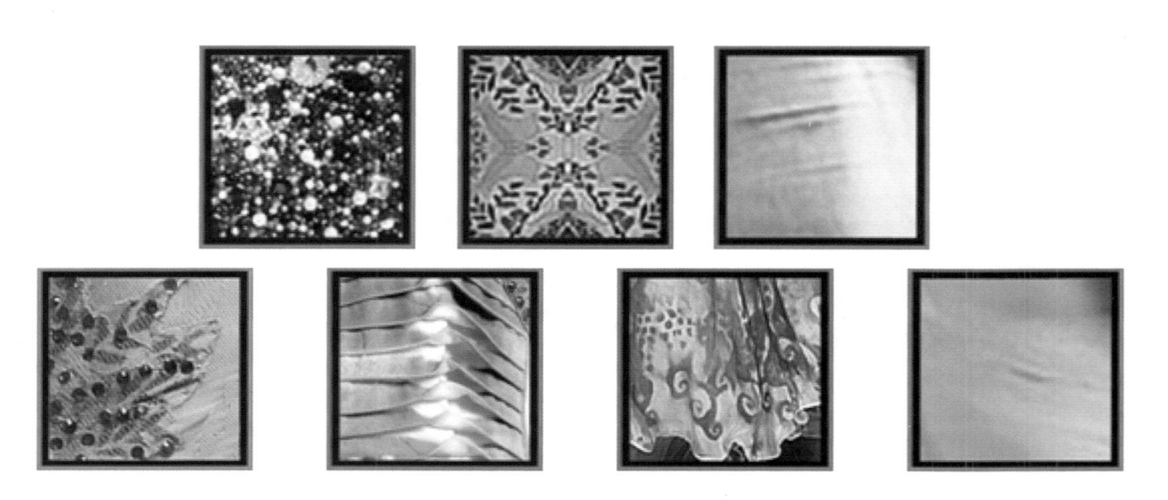

图 8-15 “新月”系列服装设计面料分析

（2）成衣效果展示

系列设计《新月》成衣展示

图 8-16 的成衣效果呈现了“新月”系列明艳色彩，面料的软硬薄厚运用对比强烈，整个系列的服装造型感强。成衣与之前的整体效果图吻合度较高。很好地呈现出“巴洛克风格”的设计思想。

细节设计是整个系列的特色，运用捏褶、镂空喷漆、渐变和面料二次处理等设计手法，体现服装的系列感；结构设计繁复大气，运用不对称造型，并且结合现代流行趋势的设计元素，让服装更加华丽。

图 8-16 成衣效果

二、实例二——“那些年”系列礼服设计

图 8-17　立裁制作现场

此系列服装在第三届“亚洲青年婚纱时装设计大赛”中获冠军，作者：葛配仙，指导老师：王蕾。

此款礼服设计由于受其所参加的“亚洲青年婚纱时装设计大赛”要求，设计为单款，无主题提案的递交。这使得作者在有了构思之后，直接进行草图设计与定稿。在制作过程中，作者巧妙利用旗袍修身的造型，直接在人台上进行加减法处理和立体裁剪及面料设计制作，使效果更加直观（图 8-17）。

1. 效果图的绘制

此款婚纱设计融入了中国旗袍的元素，别具一格的珠缀形式与面料的大量二次处理工艺，与简约不简单廓形完美结合，打造出一款呈现出传统文化与现代时尚韵律的作品。

由于是参赛效果图（图 8-18），该图在注重款式的特点表达时，也更强调了艺术性的表现。就其款式特点的表现手法中，作者通过两个人物正背面造型，突出其设计中透与不透的强烈对比手法效果。在艺术性的表现手法中，作者对裙装的处理较为写意，简化其内容，用大留白、小面积弱化处理的方法和上身效果对比，使视觉上张弛有度，在传递了设计意图的同时，达到了较好的艺术感染力。

图 8-18　效果图

2. 面料小样的设计与制作

面料小样的设计在婚礼服中显得尤为重要，它直接关系到服装的独特性和艺术性。成

品后的效果也可以通过面料小样来预测（图 8-19）。

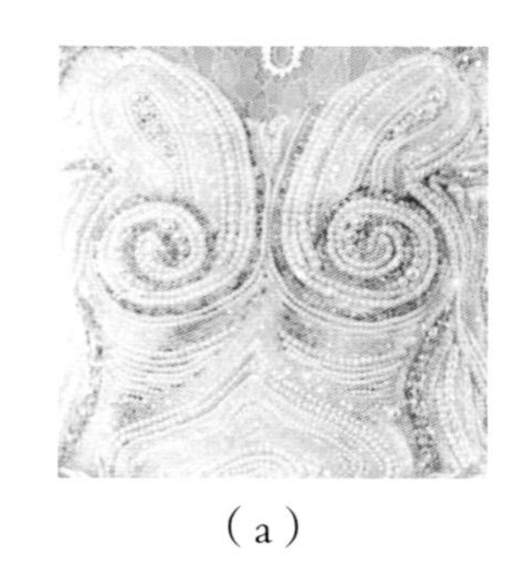
（a）
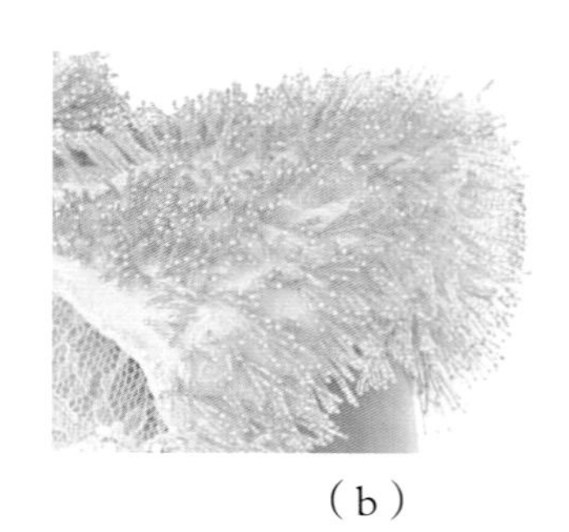
（b）

图 8-19　面料小样

（a）用网面蕾丝做底，银灰色珠子与白色珠子结合组成上半身服装图案。

（b）肩部上的珠缀采用丁针穿珠形成立体效果。底部用海绵进行固定。

3. 成衣展示

如图 8-20 所示，服装最后效果理想，对效果图的还原度高。整款最大的亮色是面料的二次设计。其裙摆的制作中大量使用了纱，这些纱修剪处理后蓬松的视觉效果彰显了整个服装的大气。而肩部、上身的珠缀则将服装的高贵、细腻、优雅完美体现。

图 8-20　比赛现场服装展示效果

第三节　内衣设计的表达与实践

内衣设计与其他服装设计相比具有一定的特殊性。内衣按款式可分为：连身款、分体款、睡衣款、塑身款等；按设计顺序可分为功能设计、色彩设计、材料设计、造型设计和缝制工艺设计。

进入 20 世纪后，内衣不仅紧跟多变的时尚潮流，在某种程度上甚至促进了时尚的发展。内衣通常是最先采用新型纺织材料的衣物，如人造纤维、尼龙和莱卡，同时内衣也促进了新型纺织材料的研发，以便其能够提供更好的服用功能性的支撑，同时更轻便、更精致。而在设计理念上，内衣更像化妆品，力求为大众构建一个幻想空间。同时，时装奢侈品牌的发展也促使了很多年轻设计师将内衣设计作为创新的突破口——它既是时尚的焦点，又能表现出设计师个性化的设计理念。

为迎合市场需求，内衣设计课程也纷纷走入许多高校，以此类型举办的大赛也此起彼伏，如在全国影响力较大的“欧迪芬”内衣设计大赛等，也为莘莘学子提供了展示才华的平台。本节选取两个案例，其设计思路新颖，造型手法独特，意在通过实物作品、设计手稿等，深入剖析内衣设计的表达与实践，希望为读者提供一些有益的设计体验。

一、实例一——“蝶梦”系列

1. 效果图的绘制

此案例为“欧迪芬”内衣设计大赛全国总决赛优秀奖，设计者：李思莹，指导老师：杨晓艳，见图 8-21。

此系列作品主要通过绚丽的色彩和丰富的肌理来展现设计主题，蝴蝶纹样的肌理效果充满梦幻感。其次，设计师采用不同质感的面料搭配来展现内衣的轻盈与灵动。在设计风格上，追求梦幻感，以绚丽缤纷的玫红、湖蓝为主色调，配以夸张的饰品，如头饰、翅膀等，使内衣的整体设计风格得到体现，并采用烫钻、钉珠的装饰手法，对内衣进行细节的装饰，结合有造型感的网纱与舞动的蝴蝶、烂漫的花朵，营造出奇幻美丽的感觉，展现出女性的优雅与灵动。

图 8-21　“蝶梦”系列设计效果图

2. 面料小样的设计与制作

在面料的设计中，设计师选择了面料二次处理中的钉珠和烫钻的处理手法（图 8-22），对内衣进行细节的装饰，使内衣看起来更加丰富多彩。在对薄纱的处理过程中，设计师选择了自己手工染色。考察了市场上已有的淡蓝色薄纱，颜色都比较暗或生冷，和设计最初想用的服装颜色不符。设计师选用翠蓝色染料，为了染出淡淡的渐变和过度的蓝色，尝试了多种手法。

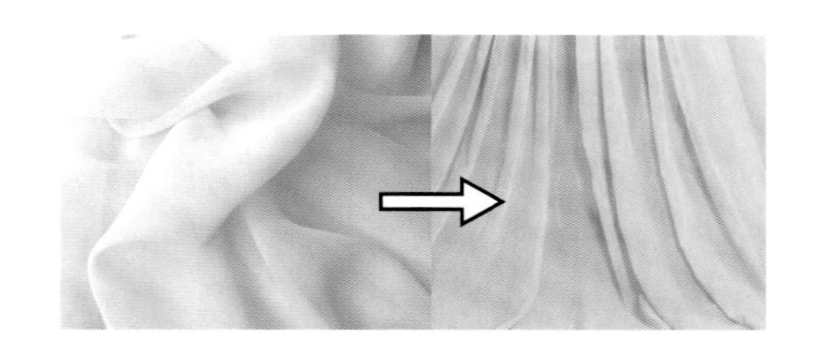

（a）处理手法：染色

（b）处理手法：钉珠

图 8-22 “蝶梦”系列设计面料小样

3. 主题提案展示

设计师把关于此系列服装的一些想法和灵感作成一个提案（图 8-23），在提案中进一步梳理展示自己的思路。通过调研分析，设计师了解到，在生活节奏日益加快的今天，自然清新，充满梦幻感的设计风格，是当下服装设计中一个新的流行趋势。而蝴蝶的色彩、图案及寓意恰与作者设计思路吻合。

图 8-23 主题题案展示

4. 成衣展示

玫红色与湖蓝色的高调搭配，彰显了女性的魅力与自信。对薄纱的处理设计师选择了自己染淡蓝色调，颜色梦幻，有淡淡的过渡，可以更好的衬托出内衣的轻盈质感。另外，在所有的头饰和配饰中（图 8-24），选用了粉、蓝、绿、黄、紫等色作为点缀，这些点缀色使内衣仿佛有了春天的气息，也提亮了整个系列的色调，营造了绚丽灵动，仿若让人置身于爱丽丝梦游仙境的奇幻世界之中（图 8-25）。

图 8-24 “蝶梦”系列内衣饰品展示

图 8-25 “蝶梦”系列内衣成衣展示

本系列内衣设计中，每件内衣的杯型都不同，在设计中，保留了原始内衣的结构，并将女性内衣中的元素进行新的组合和设计，从而使内衣的系列设计更加丰富。

“蝶梦”系列服装比较注重内衣的层次感，每件内衣上都有薄纱作为装饰，强调服装面料与纱质面料之间色彩、肌理的组合、搭配。在纱的造型处理上，大胆采用不对称，不规则的裁剪方式，轮廓简洁，追求灵动轻盈的质感。

二、实例二——“自由之夜”系列

1. 效果图的绘制

此案例为首届“黄金身段”内衣设计大赛全国总决赛金奖。设计者:付雯蓓，指导老师:杨晓艳，见图 8-26、图 8-27。

该设计主题的重点是自由、活泼与生命力，并通过渐变的紫色雪纺纱来表达夜色渐渐来临的过程和一种神秘、精灵的气氛。从草图（图 8-26）和效果图（图 8-27）对比可以看出，作者对设计做了较大调动，草图侧重对款式内部结构变化的追求，而效果图则从整体出发，从风格、配饰到色彩都考虑的更成熟，款式之间的系列感和联系性也更强。

图 8-26 “自由之夜”系列草图

图 8-27 “自由之夜”系列效果图展示

2. 成衣展示

整体内衣的造型运用了泡泡袖、芭蕾舞裙边、大量层叠木耳边等元素，结合俏皮可爱的配饰、发饰及面料，希望营造出一幅夜幕降临后一群可爱的魔法小精灵在奇幻的世界里自由玩耍嬉戏的浪漫唯美的画面（图 8-28）。如同精灵魔法师们手中的礼盒可以变幻出各种东西一样，在制作过程中，如何选择合适的面料是较大的挑战，本系列的主打面料为牛仔布，而牛仔面料的弹性弱，所以如果想使内衣穿上合体就必须将调节的重心放在与牛仔相拼接的蕾丝布上，所以，作者对面料的选择重心放在寻找有弹性的大花型适宜的蕾丝布料上。

图 8-28　“自由之夜”系列款式细节展示

图 8-29　“自由之夜”系列成衣展示

此系列作者重点想要展现的是一种俏皮可爱精灵的感觉，所以通常 T 台上内衣模特们成熟、性感或媚惑的造型与此系列所呈现的风格不协调。为了营造突出的舞台效果，展现设计创意，淡紫色的小洋伞、气球等洋溢梦想与少女情怀的道具与此系列服装有了很好的呼应效果（图 8-29）。此外，作者也较善于与模特沟通，提前设计好造型，并提醒自己的模特上台如何运用手中的道具与服装相呼应才能更好地表现此系列服装的设计主题。该系列作品在面料上采用手工扎染的牛仔面料和紫色渐变雪纺纱及黑色蕾丝相拼接制作而成，因为牛仔面料不仅是日后内衣面料的一种流行和发展趋势，也可以很好地表达出设计师的设计主题——自由、活泼与生命力。渐变的紫色雪纺纱来表达夜色渐渐来临的过程和一种神秘、精灵的气氛。在款式上，设计师的设计中既包括了对传统内衣的廓形运用、塑身内衣的造型结合，又希望展示出一种内衣外穿的流行趋势。

第四节　创意设计的表达与实践

创意服装是一个宽泛的概念，它的宗旨就在于“新”，是创新性和艺术性的结合，主要用于舞台表演和概念展示。创意服装具有独立性，相对剥离了服装日常实用的概念，注重在服装结构、造型、工艺、面料、搭配方式，甚至是观念上的创新、改造，它带有实验和游戏的性质，没有过多的束缚和局限，更多的体现了设计师的主观思想、个人情感、审美方式，是设计师自我对生活的感悟。创意服装，是作为先锋性的实验设计，在引导流行趋势、培养设计者原创意识、促进产业发展等方面都起到不容忽视的作用。

一、实例一——女创意装“ENERGY 系列”

1. 主题题案的确定

设计者通过二手资料调研、分析，随后提出了本题案。认为展示作品的意境美一直以来就是广大艺术工作者的最高追求，其中折纸手法所表现出来的意境美也深受大众的追捧。在服装设计领域采用折纸手法来表现服装的作品广泛存在。设计者想研究服装以折纸手法怎么将 ENERGY 的不怕挫折和失败，敢于挑战的精神这种意境诠释出来（图 8-30）。

图 8-30 设计提案

设计灵感解析：纸是一种具有多种性能的材料，折纸是纸艺的一部分，即在二维平面上运用翻、转、拉、挑、挤、插、折叠等“不剪不粘”、“复合折纸”或“组合折纸”手法创造三维立体形态。本系列设计灵感来源于折纸艺术。

2. 设计初稿和系列方案的确定

确定方案后，根据其设计构思进行草图绘制。如图 8-31 所示，除了运用简单的纯色外，确定方案后，根据其设计构思进行草图绘制。除了运用简单的纯色外，主要加入了折纸的元素，廓形夸张，款式大方，强调肩部的设计，面料以羊绒面料为主，硬朗的皮革和柔软的网料在其间进行穿插使用。

图 8-31　设计图稿

在色彩上，用能代表激情、自信、妩媚的红色，更加直观地表达出服装的创新性及时尚、大气。

3. 系列服装设计的表达到实践

（1）面料小样见图 8-32。

① 纱与羊绒的拼贴主要表现材质的对立之美。

② 大量面积的立体锥形与皮革在羊绒上的拼贴，丰富了层次，使服装更体量感。

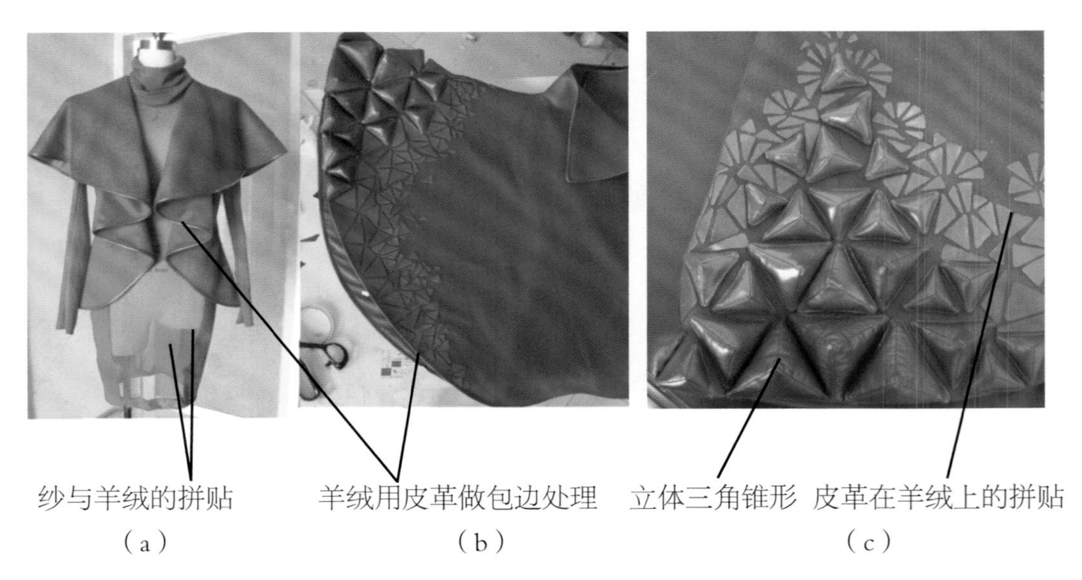

图 8-32 面料小样

在面料搭配及小样制作中，设计师采用了比较硬挺的皮革与透而薄的网料进行了对比，从而将人内心坚强与脆弱的一面很好地诠释了出来，在色彩上则运用了富有激情的红色，寓为对于未来我们充满激情和能量，这更是将 ENERGY 精神进一步的升华。

（2）成衣效果展示

如图 8-33 所示，设计师的“ENERGY”系列女装设计，整体感强，不同材质组合下的“红”彰显服装大气，具有较强的穿透力；其短款及裤装设计较为注意在领型上的结构变化，增添了时尚度。其系列服装最大的亮点和突破之处，在于对面料的二次设计把握，结合其设计理念中对折纸的遐想，借用皮革模仿折纸的形态，巧妙将皮革处理成形态各异的平面和立体锥形，结合在羊绒面料上，成为此系列点睛之笔。

图 8-33 成衣展示效果图

二、实例二

1. 效果图的绘制

该设计在创新上注意将中国传统工笔画以芭蕉叶图案的形式穿插到设计中来，配合服装肌理变化，以不同明度的灰为主色调，显示出一种宁静和蝉意。图 8-34 效果图在整体上将设计构思表达出来，色调、图案及服装的肌理变化在画中表达到位，但其人物在表现技法上略显生涩，人物的比例与头、手等局部处理不准确。

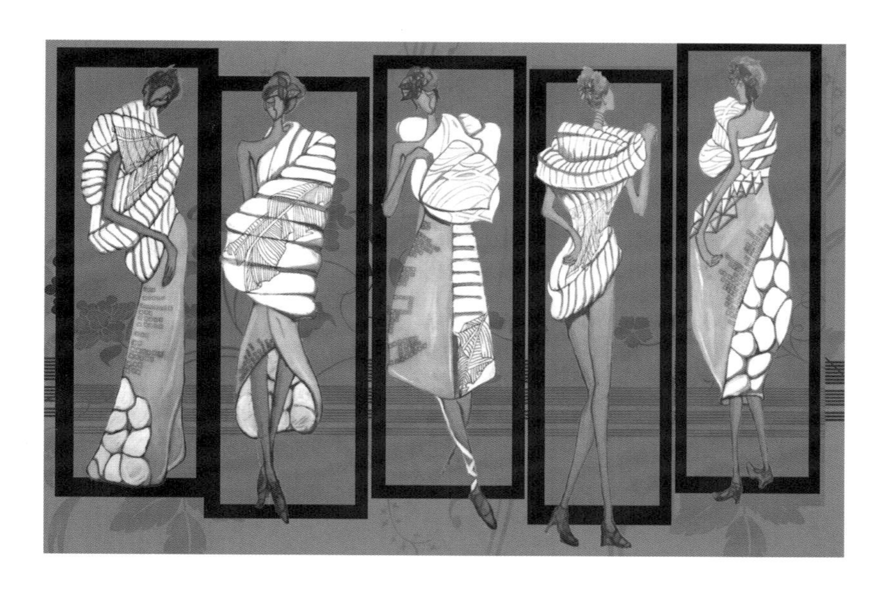

图 8-34　效果图

2. 面料小样的设计与制作

图 8-35 中的面料小样，图（a）中表现的面料肌理效果经过多次试验，最后将丝绵填里，外面用经编面料包边，后又在大小、形态上做了较多变化，得到较好的视觉效果。

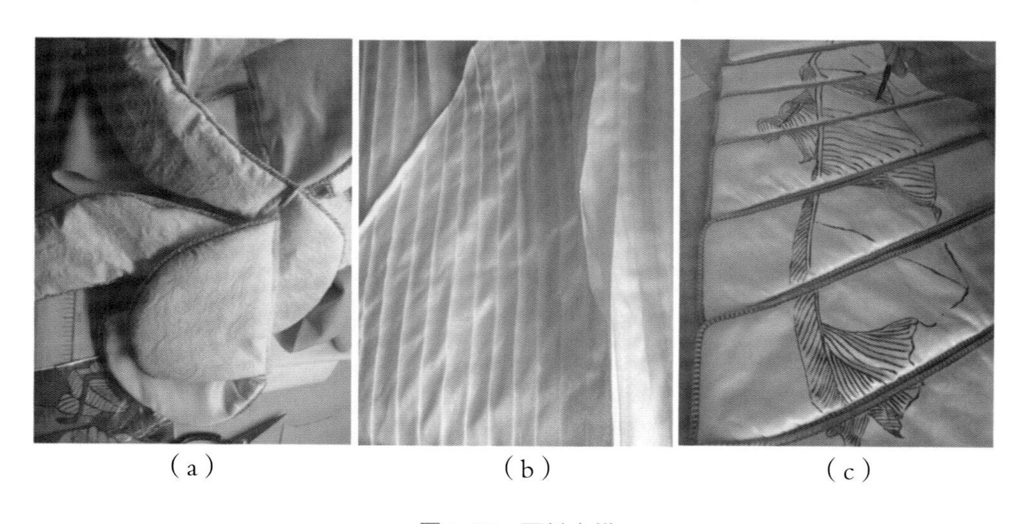

（a）　　（b）　　（c）

图 8-35　面料小样

3. 成衣展示

此系列服装设计在面料肌理和图案的使用上别具匠心，较好地实现了效果图中展示的服装特点，完成度高（图 8-36）。在设计细节上用立体感较强的块面与芭蕉叶图案结合，相得益彰，层次感强，又用灰色统一贯穿，使整体系列和谐，有较强的视觉冲击力。

图 8-36 成衣展示效果

思考与练习

1. 画 3 种不同风格的效果图。
2. 根据 3 种不同风格的效果图，选择其一，做主题方案，制作在 KT 板上。

第九章 优秀作品赏析

课题名称：优秀作品赏析

课题内容：优秀作业及优秀时装画赏析

课题时间：2 课时

教学方式：图片、多媒体讲授、课后练习

教学目的：1. 通过对优秀作品的展示与分析，让学生了解并欣赏不同风格的服装设计表达特点。

2. 通过分析鉴赏，提高学生审美能力和综合表现力。

课前准备：搜集资料，风格归类，自行分析

第一节 优秀作业赏析

一、优秀效果图赏析

在图 9-1 本系列服装效果图中，设计者采用了手绘与机绘相结合的综合技法。人物造型灵活多变，款式造型突出结构的变化，服装褶皱的层次表现突出，这部分作者采用手绘。在机绘部分作者发挥了电脑涂色均匀和晕染自然的特点，背景也用渐变简单有效地烘托了着装者。部分人物造型的面部抽象概括，极具风格，这样不但没有破坏服装的表现，反而将服装衬托的更加精彩（作者：王苓）。

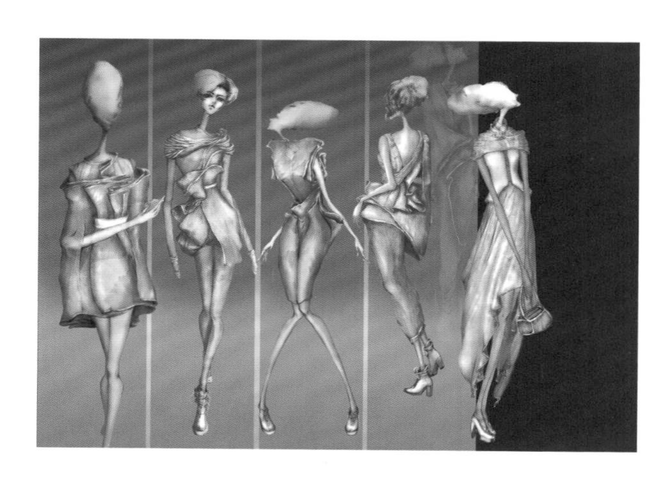

图 9-1

图 9–2 与传统服装画相比，数字化媒介最大的优势在于快速攫取信息的功能和智能性的特点。如这四张服装效果图，由同一个草稿扫描输入电脑后，四位同学形成四幅风格迥异的效果。可以说，数字化媒介扩展了绘画领域，延伸了设计思维，对现代服装画表现冲击极大，甚至各种不同现代服装画插图风格也由此分裂出新的派别与表现形式（中原工学院亚太国际学院 09 级学生）。

图 9–2

图 9–3 这一系列作品是参加“第二届黄金身段 SHOW”的效果图，并在决赛中获得最佳效果展示奖。其服装色调以蓝为主，用鳞片装饰穿插设计在服装的不同部位，色彩运用渐变，结合轻柔的纱，与较为写实的图案和肌理产生虚实对比，在营造淡雅、飘逸的意境下，又能让观者品味细节。整副效果图在较清晰地表达设计意图时，绘画手法细腻，表达传神，具有较高欣赏价值（作者：徐永华）。

图 9–3

图 9–4 系列服装设计灵感来自少数民族的服饰造型，图案丰富，设色大胆，整幅画装饰性强，颇具民族服装的特点。其大量高纯度的对比色用平涂水粉的技法，使这幅时装画

透露着极强的视觉感染力。画面布局得当，人物造型工整，色彩丰富但不凌乱，背景处理有意境且切合主题（作者：严丽珺）。

图 9-4

图 9-5 系列效果图是参加“浩沙杯”第一届服饰设计大赛获得优秀奖的作品。技法上采用较为写实的效果，注重面料质感的表现。服装造型简洁，人物动态富有动感，用色单纯艳丽，在运动装原型上融入结构的转移变化，褶皱、松垮的裤装及收口细节处理，成为此系列不可或缺的亮点。人物造型生动，服装设计新颖、大胆（作者：王苓）。

图 9-5

图 9–6 整幅画造型严谨，技法娴熟，用笔泼辣，收放自如。在用色上，大胆狂放，蓝与玫红、紫穿插交错，变化丰富但不凌乱。在设计上，作者将轻薄与厚重的面料并置并形成对比，整体色调优雅，服装时尚。背景利用电脑优势绘画出柔和的光晕和看似杂乱的线条，赋予画面光感和乐感。

图 9–6

图 9–7 系列作品是参加“绮丽杯”第 16 届中国时装设计新人奖大赛效果图。服装设计以“解读几何”为主题，人物造型整齐排列，秩序感强。服装色彩使用无彩色，而在静谧稳定的画面布局中，设计者运用款式结构变化和衣褶纹理，如行云流水般或缠绕、或包裹、或穿插在服装中，结合渐变图案，营造几何般变化之美（作者：邓心愿）。

主题：解读几何

图 9–7

图 9–8 作品给人以完整大气之感，作者运用机绘优势将人物头部复制，得到如面具一般相同的效果，在画面布局中人物上下交错，并用电脑制造出投影翻身如镜面般的效果，给整幅黑灰色调的效果图增添空灵的味道。服装中上衣的衣褶纹理如雕塑般有力，和秀美冷漠的模特表情相得益彰，服装中内搭面料的细碎柔软起到了调和作用（作者：邓心愿）。

图 9–8

图 9–9 的作者运用了综合技法，服装表现以马克笔为主，干净利落的笔触平涂加留白在服装上，使服装有一定的光感与素描效果。整幅画用色清新，用笔娴熟，造型准确。背景用电脑合成，拉大人物比例，虚化形象，丰富和弥补了水平构图松散单调的效果（作者：郭文强）。

图 9–9

图 9–10 系列服装效果图在技法上采用水彩晕染和电脑合成，画面布局工整，完成度高。在构图上采用较为常规的手法，五个款式为一个系列的服装画人物一字排列，重复感强。为弥补其单调之感，作者在背景上下了较大功夫，灰色渐变任务倒影与花卉剪影融为一体，变化中体现统一之美，较好地映衬出人物的服装款式与色彩（作者：叶方圆）。

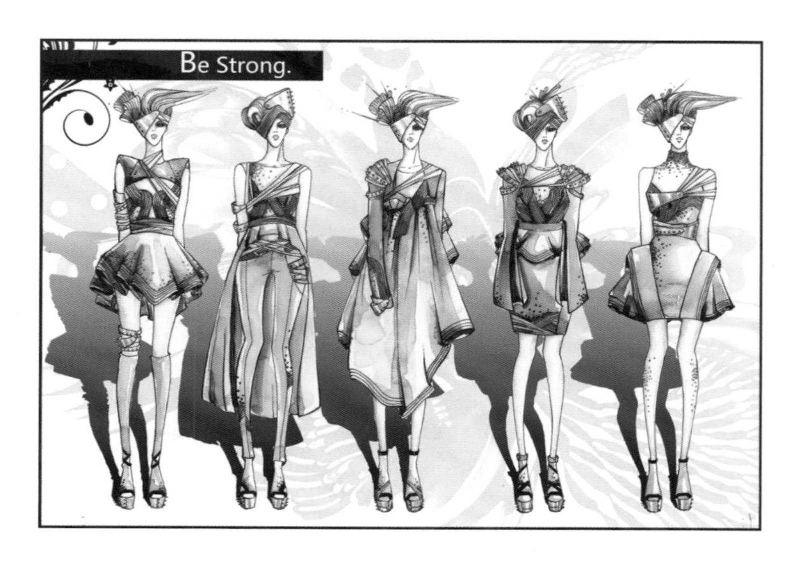

图 9–10

图 9–11 的设计者在时尚和自我关注如何统一和体现上进行了思索。本系列服装设计在款式上大胆，服装效果图中整体以暗红色为主，在衣服的缘饰上借用传统图案和高纯度的蓝黄色加以调和，使整幅画显得色彩丰富，对比感强。背景的大面积空白和局部水墨效果处理，加重了服装画的人文气息（作者：曹艺馨）。

图 9–11

图 9–12 整个系列洋溢着江南水乡的韵味，服装色调以赭色为主，穿插灰、黄和红色，用中国国画写意墨荷为条幅式构图，用晕染渐变制造出水墨画意境。表现技法仍以电脑和手绘相结合，以清新淡雅的背景突出浓墨渲染的人物。其服饰图案不拘泥于荷花造型，仅以色彩神似，采用喷涂手法处理，随意而洒脱（作者：李娟）。

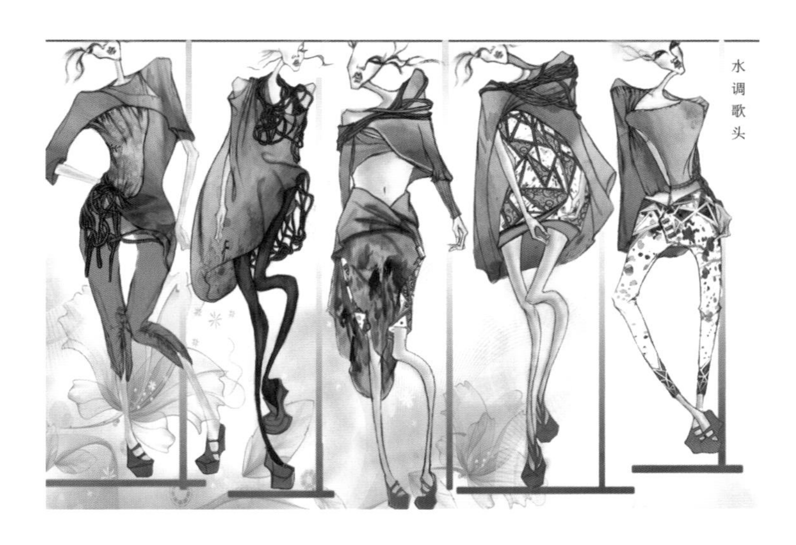

图 9–12

图 9–13 作者灵感来源于芭芘娃娃的造型，又受中国传装服饰色彩启发，画面用色丰富，沉稳。相似的人物造型给人以趣味性。服装中夸张的小 X 造型，肩部、胯部的 O 型处理，更给服装增添了戏剧性色彩。画面又以线描牡丹花为背景，与人物中牡丹花图案呼应，风格独特（作者：付雯蓓）。

图 9–13

图 9–14 设计者的灵感来自军装，被解构的军装元素混搭风衣、墨镜、条纹裤等休闲元素，显得另类、时尚而又青春。整幅效果图采用较为写实的技法，迷彩的图案和军靴的厚重刻画到位，行走着的人物造型使画面生动有力，吻合服装帅气、阳刚的一面（作者:张敏）。

图 9-14

二、服装设计的表达与实践赏析

图 9-15 设计者的灵感来源于中国传统图案，效果图中人物造型简单，姿态安静柔美，与其所表现风格相得益彰。整幅画以灰色调为主，重点以平涂与勾线为主，突出服装中图案的造型。背景处理较为有特点，采用印章、题诗及大面积留白，增添了整幅画的韵味。对比成衣与效果图，其完成度较高。服装灰色的亮度把握也较好，色调如果再浅会浮，再重则会压抑。其面料肌理与发型的处理较为到位。作者采用明度稍高的灰色进行了镂空和滚边处理，使服装颇有剪纸的味道。另值得一提的是，为了丰富服装的细节，作者运用了大量的银饰做点缀，起到了很好的衬托作用（作者：李香梅）。

图 9-15

图 9-16 本系列为礼服设计，主要元素为铆钉与荷叶边。设计手法以对比为主，采用柔美与刚强、华丽、复古与端庄、前卫结合，画面充斥着矛盾，但又完整和谐。服装画中人物造型奇特，采用如吊线木偶般的模特，强调关节，此举反而将服装衬托的更精彩。轻柔飘逸的纱被以灰色调电脑合成在画面中，增添画面灵动之感。成衣的完成度很高，作者在用铆钉组合图案造型上下了较大工夫。在色调上，由于黑纱的面积大，又比较压抑，作者采用喷漆的手法制造渐变效果，在色调上达到和铆钉组合图案色彩相呼应的效果（作者：李芳芳）。

图 9-16

图 9-17 作品参加了威斯曼设计大赛。作者对男休闲装的感受敏锐，用色大胆且富变化，吻合休闲男装的精神。在上衣上采用包裹缠绕的设计手法，利用针织面料的柔软特点，营造一种舒适自在的着装效果。成衣的还原度不够，在实现过程中在结构处理上做了较大改变。廓型未达到理想状态（作者：张明）。

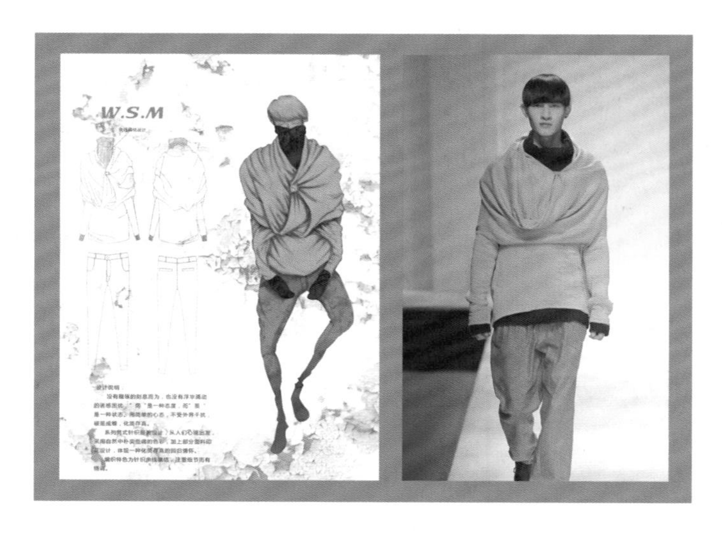

图 9-17

图 9-18 系列服装设计作品主要元素为牛仔面料。对于牛仔面料的设计，或狂野、或中性、或混搭，在不同设计师手上演绎着各种风情。作者在此利用环保概念，利用废旧牛仔服，制作一系列女休闲装，采用水洗、磨白、破坏等手法的处理，结合与松软针织面料的混搭及廓型、结构的夸张处理，整系列服装显得时尚、青春而又别具一格。其效果图对牛仔面料的表现较为到位，成衣制作还原度好。配饰如背包等制作手法在色彩、图案处理上呼应服装，整体感强（作者：张敏）。

图 9-18

第二节　优秀时装画赏析

图 9-19 作者选用水彩晕染为主要表现手法，用色大胆，红与黑交相呼应，挥洒自如。人物的神态具有忧郁伤感之美，层次分明。发型中小花朵的处理增添了画面的趣味性（作者：曾晨）。

图 9-19

图 9–20 是一幅写意和写实相结合的作品，从头部造型到人体表达都运用了写意的表达式，厚厚的嘴唇、装饰性的头发，夸张的耳环及胳膊，无不透露出简洁写意。对其质感运用了超写实的方法。细节与光感的制造刻画入微，展现了作者扎实的素描功底。整幅画繁简处理对比强烈，观之耐人寻味。

图 9–20

图 9-21 作品使用马克笔和水性笔结合的方法完成。重在表现裙子的纹理。整幅画面用色不多，但是画面效果妙不可言。其中大量黑白对比强烈的图案透露出极强的视觉感染力，而花朵上的点绘丰富了细节，也增强了装饰味道。

图 9-21

图 9-22 整幅作品的人物造型严谨，姿态夸张，有很强的感染力。人物的头发及面部处理较为写实,质感较强。服装的褶皱表现自然,外轮廓采用勾线的形式,用笔有力,穿插自然,展现了作者较强的人物造型功底。背景选用杂志的形式，使整幅画的时尚感又增添了很多。

图 9-22

图 9-23 小写意画式的意境，构成整幅画面优雅含蓄的风格。整个水彩渲染的色彩基调和谐，前后层次分明。

图 9-23

图 9-24 人物造型夸张，画面气氛趣味、怪诞。豪放的笔体与图画交相辉映，具有一种抽象的美感。笔意纵横流淌，完全是一种感情的宣泄和爆发，瞬间激情所感染。虽然用色不是很鲜艳高调，但是服装上的图案和装饰使服装整体感觉活泼起来，此外使用漫画对话框作为烘托整个画面气氛的元素，使画风变得具有趣味性。

图 9-24

图 9-25 服装采用水彩渲染的表现手法，幽静的蓝、黑、白恰到好处地分布在画面上。人物的眼神刻画非常到位，婉转与哀怨一如绽放在裙摆那抹蓝。此外，背景使用泼墨的表现方式，又烘托出一种凄美氛围。

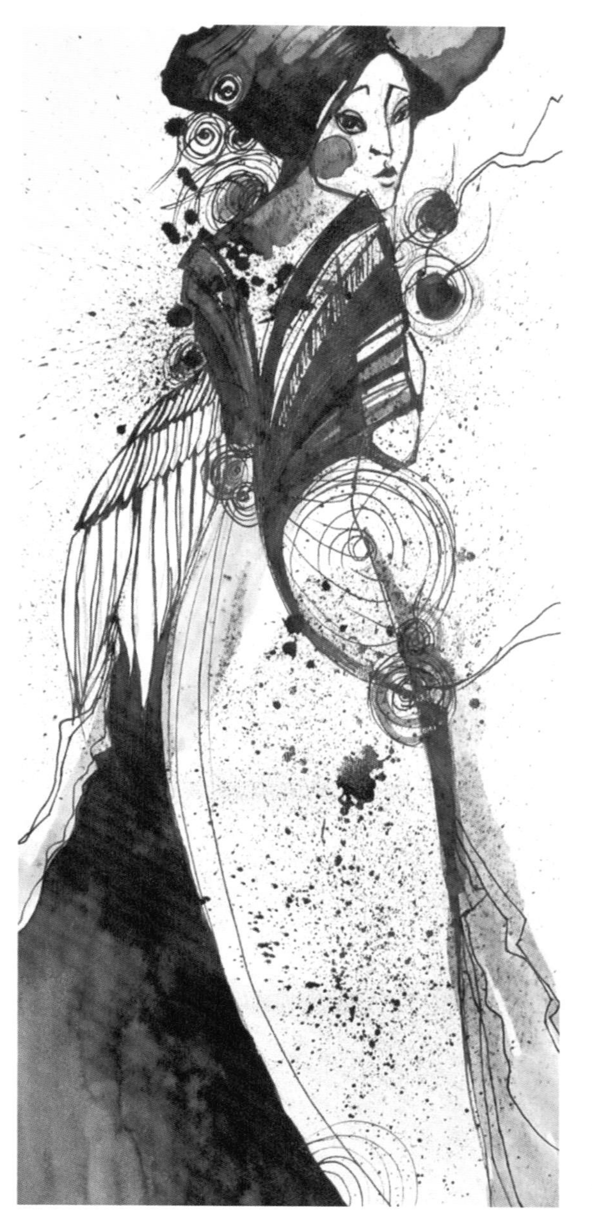

图 9-25

图 9-26 作品采用水溶彩铅和水彩晕染结合完成，构成画面整体缥渺淡雅风格。此外人物的整体造型比较写实，但表现手法很虚幻，写实和虚幻的对比使画面具有冲击力，画风独具一格。

图 9-26

图 9-27 作品采用写实手法，绘制严谨，画面细致。服装风格明确，重点在于服装纹理和层次的刻画。服装图案由浅到暗，画出了服装的飘逸之感，也很好地表现了田园风格。

图 9-27

图 9–28 无彩色系的基本色调，明暗关系的准确把握和黑白面积的对比，对服装面料的刻画生动丰富，使之颇有素描效果。个性化的面部特征以及情节性的人物组合，使整幅画面流露出一定的情节故事，服装军装风格意味浓厚。

图 9–28

图 9–29 作者在服装上绘制的图案和装饰使服装整体感觉活泼起来，并结合了综合表现技法表现出一定的趣味性。

图 9–29

图 9–30 作品的画面色彩十分清丽可人，靓丽时尚。线条流畅，色彩分明，画面随意奔放、利落有致。服装色彩虽以黑白为主，但图案的应用使衣服简约但不失时尚。此外红色的少量应用起到点睛之笔的作用。

图 9-30

图 9-31 整体色调和谐，满构图的形式使人物极具表现力。精准到位的构图，完美修长的人体比例，欧式的艺术风格和极具时尚感的画面氛围，不管是身材比例，面部五官、妆容，还是选取的时装风格，都是欧美国家的主流风格。另外行李箱起到了烘托整体气氛的作用，主次分明。

图 9-31

图 9-32 主要想表现印第安人的头饰，用鲜亮的头饰颜色与水墨画形式的人物进行对比，主次分明，色彩基调和谐很有意境。

图 9-33 作者对整个人物形象以及服饰进行了高度的概括。使画面看似随意，其实费尽心思。那微微水彩晕染的五官，在丰富与单纯的对比之下面部更具个性化。

图 9-32

图 9-33

图 9-34

图 9-34 采用写实手法表现画中人物，用色大胆和谐。使画面富有吸引力。

图 9-35 作品线条果断流畅，极具风格。用丰富的线条快速地表达了服装的造型以及经典的礼服感觉。线与线、形与形的结合造就出华丽与锋利的交汇，大量运用的层叠褶皱、流苏和分割线都表达了一种强烈的质朴中细腻、粗犷中奢华的艺术视觉（作者：张肇达）。

图 9-35

图 9-36 整幅作品生动形象，采用水彩晕染的手法。笔触细腻舒缓、雅致静逸，不管是人物本身，还是人物之外的服饰与背景，都不遗余力地细细描绘，且人物的神韵大多使人感觉雍容华贵，气质高雅，眼神淡定自如，舒适自在（作者：凌雅丽）。

图 9-36

思考与练习

1. 将在此课程中所画效果图进行风格分类。
2. 寻找一张自己最喜爱的效果图，尝试用另一种技法对其进行表达。

参考文献

[1] 庞绮 . 时装画教程 [M]. 南昌 : 江西美术出版社，2007.

[2] 邹游 . 时装画技法 [M]. 北京 : 中国纺织出版社，2009.

[3] 史原，卢禹君 . 时装效果图技法基础教程 [M]. 北京 : 中国青年出版社，2010.